连接的秘密

谢普 编著

吉林出版集团股份有限公司

图书在版编目（CIP）数据

连接的秘密 / 谢普编著 . -- 长春：吉林出版集团
股份有限公司，2024. 10. -- ISBN 978-7-5731-5970-0

Ⅰ .B821-49

中国国家版本馆 CIP 数据核字第 2024AK8216 号

LIANJIE DE MIMI

连接的秘密

编　　著：谢　普

出版策划：崔文辉

责任编辑：姜婷婷

出　　版：吉林出版集团股份有限公司

　　　　　（长春市福祉大路 5788 号，邮政编码：130118）

发　　行：吉林出版集团译文图书经营有限公司

　　　　　（http://shop34896900.taobao.com）

电　　话：总编办 0431-81629909　营销部 0431-81629880 / 81629900

印　　刷：天津海德伟业印务有限公司

开　　本：640mm×910mm　1/16

印　　张：10

字　　数：130 千字

版　　次：2024 年 10 月第 1 版

印　　次：2024 年 10 月第 1 次印刷

书　　号：ISBN 978-7-5731-5970-0

定　　价：59.00 元

印装错误请与承印厂联系　　电话：022-29937888

前　言

　　当我们谈论"连接"时，首先想到的可能是人与人之间的关系。家人、朋友、同事，这些都是我们生活中最基本的连接。你是否曾经感受到，你和家人共度美好时光、分享快乐和烦恼时那种温暖和力量？你是否注意到，你和朋友们一起面对挑战、互相支持和鼓励时那种无形的动力？这些都是连接的力量。

　　连接不仅仅限于人际关系，还包括我们与工作的连接，与梦想的连接，以及与自己内心的连接。当你全身心投入一项工作中，感受到自己的努力和创意得到认可，那种成就感和满足感无疑是连接的体现。通过连接，我们不仅可以实现自我价值，还可以为他人带来积极的影响。

　　在职场中，连接尤为重要。一个高效的团队，离不开成员之间的紧密合作。通过有效的沟通和信任，每个成员都能发挥最大的潜能，共同完成看似不可能的任务。你是否曾经在一个团队中感受到那种默契和协作？那种每个人都心往一处想、劲儿往一处使的感觉，正是连接的力量。

　　然而，连接并不总是顺畅的。沟通障碍、误解和冲突时有发生。如何在这种环境中建立和维持有效的连接，是我们需要面对的重要课题。在本书中，我们将探讨各种连接难题的解决之道，帮助你在复杂多变的职场和生活中游刃有余。

连接不仅仅是技巧，还是一种态度，一种心态。要想建立深厚而持久的连接，我们需要具备开放、包容和真诚的态度。通过尊重他人、理解他人，我们可以建立起坚实的信任基础。

在全球化的今天，连接的范围已经超越了国界和文化的限制。跨文化的交流和合作，成为我们日常生活和工作的常态。在这样的背景下，培养跨文化的连接能力显得尤为重要。通过理解和尊重不同文化的差异，我们可以建立更加广泛和深远的连接，为个人和职业生涯带来更多的机遇和发展。

本书的每一章节，都将深入探讨连接的不同方面。从个人生活中的亲密关系，到职场中的团队合作，再到企业中的组织文化，我们将全面解析连接的力量，提供实用的策略和方法，帮助你在各个领域建立和维护有效的连接。我们还将分享一些成功人士的真实故事，通过他们的经历，展示连接如何成为他们成功的关键。

愿我们每一个人都能在连接中找到力量和快乐。通过建立和维护深厚的连接，我们不仅能实现个人的成长和成功，还能为他人带来积极的影响，共同创造一个更加和谐美好的世界。让我们一起，踏上这段探索连接力量的旅程，发现连接的真正魅力和无限可能。

开卷有益，你打开本书，实际也是在建立一种连接。

目 录

第一章

连接的力量

连接无处不在

连接使人精神强大

连接让人事半功倍

身边的连接：你忽视了哪些机会

从家庭成员的亲密互动，到职场中的团队协作，再到全球社交网络的广泛联系，连接无处不在。然而，你是否真正思考过连接的力量？它不仅仅是沟通的桥梁，更是驱动我们前进、帮助我们克服困难、实现梦想的核心动力。

连接无处不在

生活的波涛汹涌，有时让我们感到孤独和迷茫。然而，我们并不是孤岛。我们有一种强大的力量，能够让彼此相连，共同面对风雨。这种力量就是"连接"。

连接不是简单的交流，而是一种深层次的情感纽带，是人与人之间心灵的交会。它可以是一个温暖的拥抱、一句关切的话语，也可以是一次默契的眼神交会，甚至是一次深夜的真诚对话。连接让我们感受到被理解、被支持，让我们的心灵不再是"孤岛"。

1. 连接的力量

有时候，一个简单的连接就能改变我们的一生。

在繁忙的机场候机大厅，一位疲惫的商人正坐在角落里，神情黯然。他的目光时而停留在手中的手机上，时而望向窗外，心中充满了焦虑和沮丧。最近的工作压力让他感到身心俱疲，似乎连呼吸都变得沉重起来。

就在他沉浸在自己的忧虑中时，一个稚嫩的声音打破了他的思绪："叔叔，这朵花儿送给你，希望你开心！"商人抬起头，看见一个小女孩儿正站在他面前，手里捧着一朵娇嫩的小花儿。她的眼睛清澈明亮，脸上挂着甜美的微笑，那份纯真与无邪让人心生温暖。

商人愣了一下，随即露出了一个微笑。接过小花儿的一刻，他感觉到一股暖流涌上心头，仿佛冰封的心灵为这小小的举动所融化。小女孩儿看着他，眼中充满了期待和善意，那种发自内心的关怀让他感到无比动容。

"谢谢你，小朋友。"商人轻声说道，声音中带着些许哽咽。小女孩儿欢快地笑了笑，然后蹦蹦跳跳地跑回了她的父母身边。商人看着手中的小花儿，心情豁然开朗。虽然只是一朵小小的花儿，却承载着满满的温暖和力量。

这一刻，他突然意识到，生活中那些微小的温暖与善意，正是支撑自己前行的力量。繁忙的工作、无尽的压力、生活的种种烦恼，都在这一朵小花儿面前变得不再那么沉重。商人深吸一口气，感觉自己的心情前所未有的轻松。他知道，自己并不孤单，在这个世界上，总有一些温暖的灵魂在默默地守护着自己。

这个简单而美好的瞬间，让他重新振作起来。他明白，无论多么忙碌和疲惫，都要学会发现生活中的小美好，学会感恩和珍惜那些触动我们心灵的瞬间。正如这朵小花儿，它的美丽不仅仅在于外表，更在于它带来的那份纯净和温暖。

这就是连接的力量。它不仅能给我们带来温暖和力量，还能激发我们的潜能，推动我们向前。

在工作中，连接的力量也尤为重要。一个成功的管理者，往往不仅仅是因为他的专业能力，更是因为他能与团队成员建立深厚的连接。这种连接，不仅能增强团队的凝聚力，还能激发成员的创造力和积极性。

案例分析

萨提亚·纳德拉的故事

萨提亚·纳德拉（Satya Nadella）是微软公司的CEO（Chief Executive Officer，首席执行官）。他在2014年接任微软CEO时，公司正面临许多挑战，内部士气低落，外部竞争激烈。然而，通过他的领导和对连接的重视，微软在短短几年内焕发了新的活力，市值翻倍，成为全球最有价值的公司之一。

在一次访谈中，纳德拉分享了他的成功秘诀："成功的关键在于，我不仅关注公司的业务发展，还非常注重与员工的连接。"接任CEO后，纳德拉并没有把自己局限于高层决策和业务发展上。他每天都会抽出时间与员工们交流，不仅仅是工作上的探讨，还包括对他们个人生活的关心。他会走进每一个办公室，问候每一个员工，了解他们的需求和想法，倾听他们的心声。

有一次，公司的一个项目遇到了瓶颈，团队士气低落。纳德拉注意到了大家的困扰，并没有指责或施压，而是召集大家开了一个轻松的茶话会。在会上，他与大家分享了自己职业生涯中的艰难经历，鼓励大家提出自己的看法和创意。纳德拉的真诚和关怀打动了每一个人，团队成员纷纷开诚布公，提出了许多有价值的建议。

通过这次茶话会，纳德拉不仅解决了项目的瓶颈问题，更重要的是，他让团队成员感受到了被尊重和被重视。这种情感连接大大增强了团队的凝聚力，激发了大家的创造力和积极性。最终，项目顺利完成，超出了客户的期望。

正是这种对员工的关心和理解，让纳德拉领导下的微软充满了活力和创造力。员工们不再只是为了完成任务而工作，而是带着热情和责任感，积极投入每一个项目。纳德拉说："连接是我们公司成功的秘密武器。"

科学研究也支持这一观点。哈佛大学的一项研究发现，与上司建立良好连接的员工，工作满意度和绩效显著提高。心理学家丹尼尔·戈尔曼在他的情商理论中也指出，情感连接是领导力的核心，能够激发团队成员的潜力和创造力。

那么，作为管理者，我们该如何建立和维护与团队成员的连接呢？首先，真诚地倾听员工的声音，了解他们的需求和想法；其次，给予他们充分的信任和支持，鼓励他们大胆创新；最后，关心他们的个人生活，帮助他们在工作与生活之间找到平衡。

正如纳德拉的故事所展示的那样，连接不仅能增强团队的凝聚力，还能激发成员的创造力和积极性，让整个团队在面对挑战时，能够克服困难，迎接成功的曙光。

在家庭中，连接也是幸福的源泉。夫妻之间的连接、父母与子女之间的连接，都是家庭和睦的基石。当我们真诚地与家人沟通，倾听他们的心声，分享彼此的喜怒哀乐时，我们的家庭就会充满温馨。

案例分析

奥普拉·温弗瑞的故事

奥普拉·温弗瑞（Oprah Winfrey），这位著名的电视主持人和慈善家，不仅在事业上取得了巨大的成功，她的家庭生活同样令人称道。在一次采访中，奥普拉分享了她与家人之间的故事，揭示了连接在家庭幸福中的重要作用。

奥普拉年轻时经历了许多艰难困苦，事业起步也充满了挑战。然而，她深知家庭的重要性。每当有机会，她都会与家人共度美好时光。有一次，奥普拉决定给家人一个惊喜。

那天，她提前结束了工作，悄悄回到家中。她准备了一顿丰盛的晚餐，包括家人最喜欢的菜肴。她看到家人惊喜的笑脸时，所有的疲惫都烟消云散。他们一起围坐在餐桌旁，分享美食，聊着各自的近况和趣事。奥普拉认真倾听家人讲述的故事，耐心听他们分享的生活点滴。他们的谈话中充满了笑声和温馨的瞬间。

奥普拉回忆说："那一刻，我感受到了一种深深的幸福和满足。无论外面的世界多么忙碌和复杂，家永远是我最温暖的港湾。"

通过这样的真诚沟通，奥普拉与家人建立了深厚的情感连接。正是这种连接，让她的家庭充满了爱和理解。在事业的道路上，无论遇到多大的挑战，奥普拉都能从家庭中汲取力量和支持。

奥普拉的故事告诉我们，家庭中的连接不仅能带来温暖和幸福，还能成为我们面对生活挑战的坚强后盾。心理学研究表明，家庭中充满爱与支持的连接，能够显著提高个体的幸福感和心理健康。

2. 连接的困难

尽管连接有如此多的好处，但在现实生活中，我们常常会遇到诸多挑战。比如，随着科技的发展，社交媒体和智能设备让我们的生活变得更加便利，但同时也让我们的连接变得更加脆弱。我们越来越习惯于通过屏幕交流，却忽视了面对面的沟通和情感交流。

此外，快节奏的生活和繁忙的工作，让我们很难有时间和精力去建立和维护连接。很多时候，我们陷入了工作和生活的压力之中，从而忽略了与他人的情感交流。

3. 如何应对连接的挑战

为了应对这些挑战，我们可以采取以下几种方法：

（1）保持平衡

在忙碌的生活中，我们需要学会平衡工作和生活，合理安排时间，留出时间与家人和朋友相处。定期安排一些聚会和活动，加强彼此的连接和交流。

（2）数字化连接

虽然面对面的沟通最为有效，但在现代社会中，数字化连接也是一种重要的方式。通过视频通话、社交媒体和即时通信工具，我们可以随时随地与他人保持联系，分享彼此的生活和感受。

（3）培养兴趣爱好

共同的兴趣爱好是连接的重要纽带。通过参加兴趣小组、俱乐部和户外活动，我们可以结识更多志同道合的朋友，建立深厚的连接。

（4）心理建设

建立和维护连接需要具备一定的心理素质。我们需要学会理解和包容他人的差异，保持开放的心态，积极面对各种挑战和困难。

连接使人精神强大

连接是人与人之间心灵的交会，是我们与他人之间建立的深厚情感纽带。它不是表面的交流，而是一种深层次的理解和共鸣。连接让我们感到被理解、被支持，让我们的内心变得更加坚强。

想象一下，当你面对困难和挫折时，有人能理解你，支持你，这种力量是多么的强大。正如一棵大树，虽然它的根扎在土壤中，但它吸收的不仅仅是营养和水分，还有来自大地深处的力量。连接就像是这根系，深深扎根于我们的心灵，为我们提供源源不断的营养、支持和力量。

1. 连接让我们感到被理解

还记得你上次感到孤独无助的时候吗？也许是工作上的压力让你喘不过气，也许是生活中的琐事让你心烦意乱。这时候，一个理解你的朋友、一句温暖的话语，会让你感觉如释重负。这就是连接的力量。

当我们感到被理解时，我们的心灵会得到安慰和抚慰。科学研究表明，被理解可以大大减少我们的压力，提高我们的幸福感。一项心理学研究发现，当人们感到孤独时，他们的大脑会释放一种名为"皮质醇"的应激激素，而当他们感到被理解时，这种激素的水平会显著降低。

2. 连接让我们感到被支持

除了被理解，连接还让我们感到被支持。在面对困难和挑战时，有人陪伴、支持我们，是一种巨大的力量。正如著名心理学家马斯洛所提出的需求层次模型（图1-1），亲情、友情和爱情是人类的社会需求。当我们感到被支持时，我们会更加有信心去面对和克服生活中的各种困难。

这些需求为个体提供了重要的情感支持，有助于心理健康。研究表明，缺乏社会支持，心理问题（如抑郁、焦虑）的发生率就高。此外，人只有社会需求得到满足，才能增强自尊与信心，继而创造出更大的成就。

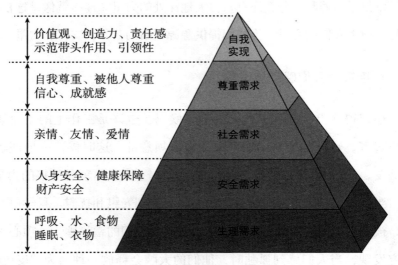

图1-1 马斯洛需求层次模型

我认识一位创业者，在创业初期面临诸多挑战，资金短缺、市场竞争激烈，令他感到压力重重。每当他感到迷茫和无助时，他的朋友们总会给他一些鼓励和建设性意见。正是这种支持，让他坚定信心，坚持了下来，现在他已经成为业界成功人士。

3. 连接让我们感到被激励

连接不仅能让我们感到被理解和被支持，还能激励我们不断前进。人类是社会性动物，我们的行为和动机往往受到周围人的影响。与积极向上的人建立连接，可以激发我们的潜能，让我们变得更有动力和激情。

有一位网文作家，入行头两年屡战屡败，感到前途渺茫。一次偶然的机会，他参加了一次网络作家聚会，在那里结识了一位知名网文作家。这位作家不仅分享了自己的经验，还鼓励他试试新的题材与写作方法。这次连接，让他重新燃起写作热情，并最终取得重大突破。

4. 连接让我们感到被认可

每个人都希望自己的努力和成就得到他人认可。连接可以让我们感到被认可，从而增强我们的自信心和成就感。当我们与他人建立深厚的连接时，彼此之间的认可和赞赏会让我们感到无比满足。

一位在职场中默默无闻的员工，通过一次团队合作项目，与同事建立了深厚的连接。在项目结束后，他的努力和贡献得到了同事们的认可和赞赏。这种认可不仅让他感到自豪，还激发了他更加努力工作的动力。

5. 连接让我们感到幸福

科学研究表明，连接不仅能增强我们的心理韧性，还能提高我们的幸福感。一项心理学研究发现，与他人建立深厚连接的人，比那些孤立无援的人更幸福、更健康。连接让我们感受到温暖和被支持，让我们的生活更加充实和有意义。

曾经有一位心理学家做了一个实验，他让一群志愿者每天与一个陌生人进行简单的交流，例如在电梯里和陌生人打招呼、在咖啡店与服务员聊天。结果发现，这些志愿者在实验结束后，普遍感到心情愉快，幸福感明显提升。

案例分析

J.K. 罗琳的故事

因创作《哈利·波特》系列而成为全球知名作家之前，J.K.罗琳经历了人生的重大低谷——失业，离婚，独自一人抚养女儿，经济拮据，生活艰难。然而，正是在这段艰难的时光里，她与一位朋友的深厚连接，成为她重拾信心、最终取得成功的重要力量。

这位朋友名叫肖恩，是罗琳大学时代的好友。当罗琳陷入困境时，肖恩并没有疏远她，相反，他经常通过电话和信件与罗琳保持联系，给予她无尽的支持和鼓励。每当罗琳感到绝望和无助时，肖恩总会耐心地倾听她的心声，安慰她，鼓励她继续追求自己的梦想。

有一次，罗琳感到前途渺茫，几乎要放弃写作。她打电话给肖恩，诉说自己的迷茫和痛苦。肖恩在电话那头坚定地对她说：

"乔安妮，你是我见过最有才华的人。不要放弃，你的故事会改变世界。相信自己，再坚持一下。"

正是这句充满力量的话，让罗琳重新燃起了对写作的热情。她决定继续完成《哈利·波特》的创作，并一次次地向出版社投稿。虽然最初遭到了无数次拒绝，但肖恩的支持始终是她前行的动力。最终，罗琳成功地找到了愿意出版她作品的出版社，《哈利·波特》系列也因此诞生，风靡全球。

罗琳的故事告诉我们，人与人之间的连接是多么强大。无论我们面临多大的困难和挑战，有了这种真挚的连接，我们就能够找到前行的力量。肖恩的支持不仅让罗琳重拾信心，更激发了她内心深处的潜能，使她成为举世闻名的作家。

连接让人事半功倍

每个人都在追求高效，希望用最少的时间和精力，取得最大的成就。然而，我们常常忽略一种最简单、最有效的成功法宝，那就是——连接。连接不仅能让我们在工作中如虎添翼，还能让我们的生活锦上添花。

1. 连接让人拥有强大的支持系统

想象一下，你正面临一个巨大的项目，时间紧迫，任务繁重。此时，如果有一群志同道合的朋友和同事在你身边支持你、帮助你，你是不是会感到信心倍增？

我认识一位年轻的创业者，他在创业初期遇到了资金短缺的问题。他通过参加一个创业者俱乐部，结识了许多同样在创业路上的朋友。这些朋友不仅给他提供了宝贵的意见，还给他介绍了很多潜在的投资人。最终，他成功地获得了投资，渡过了难关。

2. 连接让人获取更多的资源

在工作和生活中，资源的获取往往是成功的关键。而通过连接，我们可以获取更多的资源。无论是知识、经验还是物质资源，良好的连接能为我们打开一扇又一扇的大门。

著名的"六度分隔理论"告诉我们，两个人之间所间隔的人不会超过六个，也就是说，最多通过五个中间人，你就可以与任何一个陌生人建立联系。这意味着，只要我们善于建立连接，我们就能通过朋友的朋友，甚至朋友的朋友的朋友，获取我们所需要的资源。

一位大学生在求职时，通过校友网络找到了一位在目标公司工作的学长。学长不仅为他提供了宝贵的面试技巧，还在他面试过程中给予了推荐。最终，这位大学生成功地找到了心仪的工作。

3. 连接让人更具创造力

创新和创造力是现代社会中不可或缺的竞争力。而连接，能够激发我们的创造力。当我们与不同背景、不同领域的人建立连接，交流思想和观点时，我们的思维会变得更加开阔，创造力也会被激发出来。

史蒂夫·乔布斯曾说过："创新就是将不同的事物联系在一起。"当我们与他人建立连接，特别是那些拥有不同背景和经验的人，我们的思维会得到激发，产生新的想法。一个好的团队，往往是因为他们有着良好的连接，能够充分利用集体的智慧和创造力，产生出1+1>2的效果。

4. 连接让人更容易获得信任

信任是人际关系的基石，而良好的连接能够让我们更容易获得别人的信任。无论是在职场还是生活中，信任都能让我们更加高效地完成任务。

一位经理在公司里通过建立良好的连接，赢得了员工的信任和支持。当公司遇到困难时，员工们愿意与他共渡难关，甚至主动加班加点，帮助公司渡过难关。正是因为有了这种信任和支持，这位经理才能在关键时刻事半功倍，带领团队取得成功。

5. 连接在职场中的应用

连接还能提升工作效率。在一个彼此连接的团队中，信息流通更加顺畅，沟通更加高效。员工不再需要花费大量时间去解释或寻找信息，因为他们知道可以直接联系到相关的人，获得所需的支持和资源。这样的连接不仅能够减少重复工作和资源浪费，还能够使团队集中精力在真正重要的任务上，从而提升整体的工作效率。

此外，人与人之间的连接对增强员工满意度也有着不可忽视的作用。员工感受到自己与同事和管理层之间的紧密连接时，会感到更加被认可和被支持。这种工作环境让员工觉得自己的工作不仅是一份职责，还有着更深层次的意义和价值。员工满意度的提升，不仅能减少离职率，还能激发员工的工作热情和忠诚度，进一步推动企业的发展。

人与人之间的连接也是创新和创意的重要催化剂。开放、互联的工作环境可以激发员工提出更多的想法和解决方案。连接能够促进不同部门和团队之间的跨界合作，带来更多的思维碰撞和灵感火花。这种创新的氛围，不仅能提升企业的竞争力，还能帮助企业在快速变化的市场中保持领先地位。

而公司高管通过与员工建立良好的连接，了解他们的需求和想法，及时给予支持和鼓励，不仅能够增强员工的归属感和忠诚度，还能提升公司的整体绩效。

6. 连接在家庭中的重要性

除了职场，连接在家庭中同样重要。良好的家庭连接，能够让我们的生活更加幸福和美满。通过与家人建立深厚的连接，我们可以增强家庭的凝聚力，共同面对生活中的各种挑战。

一位母亲通过与孩子建立良好的连接，了解他们的内心世界，及时给予关爱和支持。这不仅让孩子感到被理解和被爱，还增强了他们的自信心和安全感。

史蒂夫·乔布斯的故事

在1985年，史蒂夫·乔布斯（Steve Jobs）被迫离开了自己参与创办的苹果公司。对于乔布斯来说，这无疑是人生中最黑暗的时刻。然而，这次挫折并没有让他一蹶不振，相反，他通过与他人的连接，找到了新的方向，重拾了信心和动力。

离开苹果公司后，乔布斯创办了NEXT公司，同时还买下了皮克斯动画工作室。当时的皮克斯正在艰难地寻找自己的定位，乔布斯也在寻找重新崛起的机会。在这个过程中，乔布斯与皮克斯的创意天才约翰·拉塞特建立了深厚的连接。

拉塞特是一位充满创意的动画师，但在当时，皮克斯的技术和市场都面临巨大的挑战。乔布斯和拉塞特通过无数次的交流和头脑风暴，碰撞出了许多创新的想法。乔布斯不仅提供了资金支持，更重要的是，他给予了拉塞特充分的信任和自由，让他大胆尝试新的创意。

有一次，乔布斯和拉塞特在公司内的咖啡厅里进行了一次深谈。拉塞特讲述了一个关于玩具的小男孩儿的故事，这个故事最终发展成了后来的《玩具总动员》。乔布斯敏锐地看到了这个故事的巨大潜力，他鼓励拉塞特和团队全力以赴去实现这个项目。

通过这种深度的连接和合作，皮克斯团队的创造力被充分激发出来。《玩具总动员》不仅成为世界上第一部全电脑动画电影，还取得了巨大的商业成功。这次成功不仅重振了乔布斯的信心，也让皮克斯一跃成为动画电影的领军企业。

乔布斯的故事告诉我们，连接能够让我们在事业上事半功倍。乔布斯与拉塞特的深厚连接，不仅激发了彼此的创造力，还为他们提供了共同克服困难的力量。正是这种连接，让乔布斯在遭遇人生低谷时找到了新的突破口，并最终带领皮克斯和苹果走向辉煌。

连接，是一种强大的力量，它能让我们在工作和生活中事半功倍。通过建立和维护深厚的连接，我们不仅能获得更多的资源，还能激发我们的创造力，赢得别人的信任。

身边的连接：你忽视了哪些机会

我们每天都被各种任务和信息淹没，忙于工作、学习和生活。而在忙碌中，我们最容易疏忽那些与人建立紧密连接的机会。

1. 工作中的连接：不仅仅是同事

每天，我们在办公室里与同事相处的时间可能比和家人相处的时间还多。然而，我们是否真的了解我们每天见面的这些人？我们是否曾经花时间去倾听他们的故事，了解他们的梦想和困惑？

在忙碌的工作中，我们常常只把同事视为合作伙伴，而忽视了他们作为个体的独特之处。其实，工作中的连接不仅能提高我们的工作效率，还能让我们在职场中找到更多的支持和帮助。

李华在一家大公司工作。他总觉得自己的工作乏味无聊，同事们也都冷冰冰的。一次偶然的机会，他决定在午餐时间主动和一位平时很少交流的同事小张聊聊天。没想到，这次交流让他发现了小张和他有着共同的兴趣爱好——摄影。从那以后，他们不仅在工作中互相帮助，还成为拍摄伙伴，一起去捕捉生活中的美好瞬间。李华说，这种连接让他对工作和生活都充满了新的热情。

2. 社交媒体上的连接：虚拟世界的真实情感

在这个社交媒体高度发达的时代，我们每天都会在各种平台上与朋友互动。然而，这些点赞、评论和分享，真的能让我们与朋友建立深厚的连接吗？

很多时候，我们在社交媒体上的互动是浮于表面的，我们关注的是别人生活的片段，却忽视了他们的内心世界。其实，社交媒体不仅是展示和分享的工具，也是建立深厚连接的桥梁。

一位名叫小丽的年轻人通过社交媒体重新找到了高中时的好朋友小王。虽然他们已经多年没见面，但在社交媒体上重新建立联系后，他们开始频繁地私信聊天，分享生活中的喜怒哀乐。通过这种虚拟世界的连接，小丽重新找到了友情的温暖和支持，感觉自己不再孤单。

3. 家庭中的连接：最亲近的人，最容易被忽视

在家庭中，我们往往认为亲人之间的关系是理所当然的，而忽视了与他们建立深厚连接的重要性。其实，家庭中的连接是我们最珍贵的情感资源，它能为我们提供无尽的温暖和力量。

有一次，小明在与父亲的一次深夜长谈中，突然感受到了一种前所未有的亲密感。小时候，小明总觉得父亲严厉而不可接近，但那次谈话让他了解了父亲年轻时的奋斗历程和内心的柔软。通过这种深层次的连接，小明不仅加深了对父亲的理解，还从父亲的故事中获得了许多宝贵的人生经验。

4. 日常生活中的连接：与陌生人的美好邂逅

在我们的日常生活中，其实有很多与陌生人建立连接的机会。或许是在公交车上与旁边的乘客聊几句，或许是在咖啡店里与服务员交换一个微笑。这些看似微不足道的连接，往往能带给我们意想不到的温暖和惊喜。

有一次，我在街角的咖啡店里遇到了一位陌生的老奶奶。她微笑着和我聊起了天气和周围的变化，简单的交流中，我感受到了一种久违的亲切和温暖。后来，我才知道，这位老奶奶每天都会在这里和人聊天，成为许多人的朋友。她说，这种连接让她觉得生活充满了乐趣和意义。

5. 如何抓住连接的机会

连接如此重要，我们该如何抓住这些被忽视的机会，重新建立和维护这些连接呢？以下是几个实用的方法：

（1）主动出击

在工作中，不要等着别人来找你聊天，主动去了解同事的兴趣爱好和生活故事。你会发现，很多时候，一次简单的交流就能拉近彼此的距离。

（2）深入交流

在社交媒体上，除了点赞和评论，不妨多一些私信和视频通话。这样，你们的关系会从虚拟走向真实，情感也会更加深厚。

（3）珍惜家人

在家庭中，花时间与家人进行深入的交流，了解他们的内心世界。不要让工作和生活的压力成为你忽视家人的借口，家庭的温暖是我们最坚强的后盾。

（4）打开心扉

在日常生活中，勇敢地与陌生人交流，分享你的故事，聆听他们的经历。你会发现，这种偶然的连接，往往能带给你意想不到的温暖和感动。

最后，我想分享一个真实的故事，这是我亲身经历的。几年前，我在一次会议上遇到了一位学者。刚开始，我们只是礼貌性地交换了工作上的一些看法，但在随后的几天里，我们渐渐发现彼此有很多共同的兴趣爱好。从美食到旅行，从音乐到哲学，我们聊得不亦乐乎。

会议结束后，我们保持着联系，成了无话不谈的好朋友。一次，我在工作中遇到了一些困难，情绪低落。没想到，他寄来了一本自己喜欢的书，鼓励我坚持下去。这种连接，让我感受到了友情的力量。

案例分析

埃隆·里夫·马斯克的故事

埃隆·里夫·马斯克（Elon Reeve Musk），这位以大胆创新和不屈不挠精神闻名的企业家，他的成功离不开他与周围人建立的深厚连接。在他创业初期，一次重要的连接机会改变了他的命运。

2004年，特斯拉公司还处于初创阶段，面临巨大的技术和资金挑战。彼时，马斯克虽然已经小有成就，但他深知，要实现电动汽车的梦想，必须依靠更多人的智慧和力量。于是，他积极寻找与有潜力的工程师、设计师和投资者建立连接的机会。

在一次科技会议上，马斯克遇到了汽车设计师弗朗茨·冯·霍尔兹豪森。霍尔兹豪森在汽车设计领域享有盛誉，拥有丰富的经验和创新的想法。马斯克主动上前与他交谈，分享自己对电动汽车未来的愿景。两人一拍即合，霍尔兹豪森被马斯克的热情和远见打动，决定加入特斯拉团队。

这次重要的连接，让特斯拉在汽车设计上迈出了关键一步。霍尔兹豪森的设计理念和马斯克的技术创新相结合，催生了后来大获成功的特斯拉Model S。Model S不仅在市场上获得了巨大的成功，还树立了电动汽车的新标杆，彻底改变了人们对电动汽车的看法。

不仅如此，马斯克还通过与投资人的紧密连接，获得了大量资金支持，为特斯拉的发展提供了强大的后盾。他的好友兼投资人安东尼奥·格雷西亚斯在关键时刻为特斯拉注入了资金，帮助公司渡过了一个又一个难关。

马斯克的故事告诉我们，抓住与周围人连接的机会，能够带来意想不到的成功。通过主动建立连接，马斯克不仅吸引了顶尖人才加入团队，还获得了宝贵的资金支持。正是这些连接，让他的创新理念得以实现，最终取得了巨大的商业成功。

连接，是我们生活中最容易被忽视却又最珍贵的宝藏。它不仅能让我们感受到温暖和力量，还能为我们的生活增添无限的色彩和意义。

第二章

个人连接：打造你的超级关系网

　　在现代社会，成功不仅依赖于个人的才智和努力，更离不开强大的人脉网络。无论你是职场新手，还是资深管理者，拥有一个广泛而深厚的关系网都是不可或缺的。关系如同一张巨大的网，将资源、机会和支持紧密连接在一起，让你在面对挑战时更加从容自信。在本章中，我们将探讨如何通过主动出击、维护关系和真诚付出，打造属于你的超级关系网，助你在职业和个人生活中实现双重成功！

建立个人品牌：你是谁

　　什么是个人品牌？

　　个人品牌是指个人拥有的外在形象和内在涵养所传递的独特、鲜明、确定、易被感知的信息集合体，能够展现足以引起群体消费认知或消费模式改变的力量，具有整体性、长期性、稳定性等特性。

　　这个定义有点儿抽象，我们可以用网上的一则小笑话来更形象地诠释个人品牌：

　　男生对女生说：我是最棒的，做我女朋友吧，我会让你幸福的。这是"推销"。

　　男生对女生说：我家有五套房，做我女朋友吧，房子全是我们的。

这是"促销"。

男生没跟女生说话，女生就为其风度与气质而倾倒并主动示好。这是"营销"。

男生和女生不认识，但女生从各个渠道听说了男生的优秀，于是对男生钦慕不已。这是"个人品牌"。

一个人走过的路、说过的话、做过的事，等等，会有外界对他的认知与评价，这叫信誉，也可以理解为传统的个人品牌。身处今天的移动互联网时代，个人的连接范围更为广阔，并且可以有选择性地打造自己的网络人格。

那么，我们该如何通过连接，来打造个人品牌呢？

1. 找到你的独特定位

打造个人品牌的第一步，就是找到你的独特定位。你需要明确自己的专业领域和独特优势。问问自己：你擅长什么？你的价值观是什么？你希望别人如何看待你？通过回答这些问题，你可以确定自己的品牌定位。

独特定位能帮助你在市场中脱颖而出，让人们对你印象深刻。比如你在技术领域工作，明确自己在某一技术上的专长，这就可以帮助你在行业中树立自己的独特形象。

2. 打造专业形象

有了清晰的定位，接下来就是打造你的专业形象。这不仅包括你的行为和沟通方式，还包括你的外在形象。你的形象应该与你的品牌定位一致，让别人一看到你就能联想到你的专业领域和独特优势。

专业形象不仅限于衣着打扮，还包括你的言行举止和社交礼仪。保持一致的专业形象有助于建立和维护你的个人品牌，增强你的可信度和专业性。

3. 利用社交媒体

社交媒体是建立个人品牌的重要工具。通过社交媒体平台，你可以展示自己的专业知识，分享行业见解，建立自己的影响力，让你的关注者看到一个真实、专业的你。

在社交媒体上保持活跃，分享有价值的内容，并与关注者互动，这些都是提高个人品牌知名度的有效方法。记住，内容的质量和真实性至关重要。

4. 建立人际网络

建立个人品牌不仅仅是自我展示，还需要建立强大的人际网络。通过与业内人士建立联系，你可以获得更多的资源和机会，同时也能让更多的人了解你和你的品牌。

参加行业会议、社交聚会和志愿者活动，都是扩大人际网络的好机会。通过积极参与这些活动，你可以结识更多志同道合的人，增加自己的影响力和知名度。

5. 提供价值

要建立强大的个人品牌，你需要不断提供价值。这可以通过写作、演讲、培训等方式来实现。关键是要让别人从你那里学到新的知识，获得启发和帮助。

持续提供有价值的内容和服务，可以增强你的个人品牌，让别人对你产生信任和依赖。这不仅有助于建立良好的职业声誉，还能为你带来更多的机会和合作。

6. 持续学习和成长

个人品牌不是一成不变的，它需要随着时间的推移不断发展和完善。持续学习和成长，是保持个人品牌活力和竞争力的关键。无论是学习新知识，还是提高现有技能，你都需要不断提升自己。

保持开放的心态，积极接受新知识和新挑战，不断提升自己的专业水平和综合能力，这样你的个人品牌才能与时俱进，保持竞争力。

7. 坚持长期主义

建立个人品牌不是一蹴而就的，它需要时间和耐心。你可能会遇到挫折和挑战，但只要你坚持下去，最终会看到成果。关键是要保持信心，不断努力。

建立个人品牌是一个长期的过程，需要不断的努力和付出。不要急于求成，坚持自己的目标和信念，最终你会看到自己的努力得到回报。

8. 有温度、接地气

人们喜欢有温度、接地气的人，愿意与那些不掩饰自己、坦诚相待的人建立联系。展示真实的自己，包括你的优点和缺点，会让你的人格更加立体，品牌更加可信。

有温度、接地气，不仅能赢得别人的信任和尊重，还能帮助你建立更加牢固和持久的人际关系。这是个人品牌成功的基础。

9. 讲述你的故事

人们对故事有天然的喜爱和记忆能力。一个好的个人品牌，往往有一个吸引人的故事作为支撑。讲述你的故事，包括你是如何开始的、经历了哪些挑战、取得了哪些成就，这些会让你的品牌更加生动和有吸引力。

通过讲述自己的故事，你可以让别人更好地了解你，产生共鸣和认同，从而建立更加深厚和牢固的联系。一个好的故事，可以为你的个人品牌增色不少。

⚙ **案例分析**

理查德·布兰森的故事

理查德·布兰森（Richard Branson）是维珍集团的创始人，一位充满活力和创意的企业家。他的成功不仅源于其卓越的商业头脑，还在于他如何巧妙地建立个人品牌，让世界认识他，并通过这一品牌与无数人建立了深厚的连接。

布兰森的创业旅程开始于1970年，他创办了维珍唱片公司。早在创业初期，布兰森就意识到，与其让公司品牌独自发光，不如让自己也成为品牌的一部分。他的独特之处在于，他总是敢于尝试，敢于冒险，而且充满激情和创意。

布兰森常常亲自参与维珍品牌的推广活动。一次，他为了宣传维珍航空，亲自驾驶热气球飞越大西洋，创造了世界纪录。这一大胆的举动不仅吸引了全球媒体的关注，也让人们对维珍航空产生了浓厚的兴趣。布兰森通过这种方式，不仅建立了公司的品牌，也树立了自己敢于冒险、勇于创新的个人形象。

除了惊险的宣传活动，布兰森还通过真诚的沟通和人际关系，建立了广泛的连接。他经常参加各种商业会议和慈善活动，与行业领袖和普通人交流，分享他的故事和经验。他的真诚和热情让人们对他产生了深刻的印象，并愿意与他建立联系。

布兰森还善于利用社交媒体，展示自己的生活和工作。他的照片墙（Instagram）和推特（Twitter）账号不仅分享公司的最新动态，还分享他个人的生活趣事和冒险经历。通过这种方式，布兰森不仅拉近了自己与公众的距离，也增强了他个人品牌的亲和力和可信度。

正是通过这些大胆的举动和真诚的交流，布兰森成功地建立

了一个全球知名的个人品牌。他不仅让世界认识了他自己，也让维珍集团在各个行业中占据了重要地位。布兰森的故事告诉我们，建立个人品牌不仅仅是自我宣传，更是通过真实、勇敢和真诚的方式，与世界建立深厚的连接，从而实现事业和人生的成功。

理查德·布兰森的成功之路，充分展示了建立个人品牌的重要性和方法。他通过大胆创新、真诚交流和广泛连接，成功地让世界认识了他，并为维珍集团的成功奠定了坚实的基础。布兰森的故事激励我们，每个人都可以通过努力和智慧，建立个人品牌，走向成功的彼岸。

建立个人品牌是一个持续的过程，需要你找到独特定位，打造专业形象，利用社交媒体，建立人际网络，提供价值，持续学习和成长，坚持长期主义，有温度、接地气，并讲述你的故事。通过这些努力，你可以让人们知道你是谁，成为自己领域的佼佼者。

如何有效地与人建立联系

无论是在职场中还是在生活中，建立深厚的人际关系都能帮助我们获得更多的机会和支持。那么，如何才能有效地与人建立联系呢？

1. 了解自己，明确目标

在建立联系之前，首先要了解自己，明确自己的目标。问问自己：

你希望通过建立联系获得什么，是寻找职业机会，还是寻求合作伙伴？明确目标后，你就能有针对性地寻找合适的对象，避免盲目交往。

明确目标就像设定导航方向，它能帮助你找到最适合自己的人际网络。如果你是为了职业发展，那么与同行业的专业人士建立联系就是一个明智的选择。如果你希望提升自己的技能，那么找一些在该领域有经验的导师或同行，将会受益匪浅。

2. 展示真实的自己

在与人建立联系时，真实和透明是至关重要的。人们更愿意与那些坦诚、真实的人建立关系。因此，不要试图伪装自己，而是要展示真实的自我，包括你的优点和缺点。

真实的自己更容易让人感到亲近和信任。试想一下：如果你总是戴着面具与人交往，别人怎么可能真正了解和接纳你呢？展示真实的自己，意味着你在表达观点时不怕暴露脆弱，敢于分享真实的感受和经历。这种真诚能打动人心，建立起更加牢固的联系。

3. 学会倾听

有效的倾听是建立联系的基础。通过认真倾听对方的话语，你可以了解他的需求和想法，从而找到彼此的共同点和合作机会。倾听不仅能让对方感到被尊重和被理解，还能增强彼此之间的信任。

倾听不仅仅是听对方说话，更重要的是理解对方的感受和意图。在对话中保持专注，不打断对方，适时地点头或回应，让对方知道你在认

真倾听,这样不仅可以让对方感到被重视,还能让你更深入地了解对方。

4. 积极沟通

沟通是建立联系的重要手段。无论是面对面交流还是通过邮件、电话等方式沟通,积极沟通都是必不可少的。通过积极的沟通,你可以表达自己的观点和想法,增进彼此的理解和信任。

沟通时要注重表达的清晰和诚恳,避免使用过于复杂或含糊不清的语言。同时,要学会用幽默和恰当的肢体语言来增加交流的趣味性和感染力。积极的沟通不仅能有效传达信息,还能营造轻松愉快的交流氛围。

5. 寻找共同兴趣

共同兴趣是建立联系的桥梁。通过寻找和对方的共同兴趣,你可以更容易地拉近彼此的距离,增进彼此的感情。无论是体育、音乐还是旅游,共同兴趣都能成为建立联系的重要纽带。

想象一下:你和对方都喜欢同一支球队或热爱同一种音乐风格,自然而然,你们会有更多的话题和互动机会。共同兴趣不仅能打破陌生感,还能为进一步的深度交流创造条件。

6. 懂得给予和付出

在建立联系的过程中,给予和付出是必不可少的。通过帮助他人、提供支持和资源,你可以赢得对方的信任和好感,从而建立深厚的关系。记住，给予比索取更重要。

帮助他人可以是多种多样的，从提供有用的信息到给予情感上的支持，都能让对方感受到你的关心和诚意。无私的付出不仅能赢得他人的尊重和感激，还能为自己积累更多的好感和支持。

7. 保持联系

建立联系之后，保持联系同样重要。通过定期的沟通和交流，你可以维护和巩固已有的关系。记住，一个简单的问候、一封简短的邮件，都能起到维系关系的重要作用。

保持联系不需要太过频繁，但要让对方感受到你对这段关系的重视。可以通过节日问候、生日祝福或偶尔的问候电话来维持联系。这种持续的关注和关心，会让对方感到你是真心实意地在乎他们。

⚙ 案例分析

村上春树的故事

村上春树这个名字对于文学爱好者来说再熟悉不过。他是《挪威的森林》《海边的卡夫卡》等多部畅销小说的作者。他的作品以独特的风格和深刻的思想见长，受到了全球读者的喜爱。然而，很多人不知道的是，村上春树不仅是一位杰出的作家，还是一位善于与人建立真诚联系的高手。

村上春树出生在一个文学世家。在他的成长过程中，书籍成了他最好的朋友。然而，村上春树并不是一个自闭的人，相反，他善于倾听和理解他人。正是这种能力，使他在后来的人生中，与无数人建立了深厚的情感纽带。

年轻时的村上春树对音乐有着浓厚的兴趣，特别是爵士乐。他曾在东京开过一家名叫"彼得猫"的爵士酒吧。在这里，他不仅为顾客提供美妙的音乐和美味的饮品，还通过交流，与顾客建立起深厚的友谊。

有一次，一个常来酒吧的顾客显得心事重重，村上春树注意到了他的情绪变化，主动上前关心。经过一番真诚的交谈，村上得知这位顾客正面临家庭和工作的双重压力，感到无所适从。村上没有急于给出建议，而是静静地倾听，对这位顾客的困惑表示理解和同情。这种无声的支持和关怀，让顾客感受到了莫大的安慰。后来，这位顾客不仅成了村上的朋友，还经常带家人来酒吧消费，成了这里的常客。

村上春树的这种真诚和共情不仅体现在他的日常生活中，也深深影响了他的写作。在他的小说中，角色们总是通过真诚的交流和内心的倾听，找到彼此之间的联系。他的作品之所以能够打动人心，很大程度上是因为他深刻理解了人类情感的复杂性，并且能够用细腻的笔触将其表现出来。

成为作家之后，村上春树依然保持着与读者的密切联系。他经常收到读者的来信，而他几乎每封信都会认真回复。有一次，一位年轻的读者在信中表达了对生活的迷茫和对未来的恐惧。村上在回信中用他一贯的温暖语气，鼓励这位读者勇敢面对生活中的挑战，并分享了他自己在年轻时的迷茫和坚持。这样的交流不仅让读者感受到了村上的关怀，也让他们看到了生活的希望。

村上春树的故事告诉我们，有效地与人建立联系并不是一件难事。关键在于真诚的态度和共情的能力。无论是在日常生活中，还是在职业生涯中，我们都可以通过聆听他人的故事，理解他们的感受，来建立深厚的情感纽带。正如村上春树所说："每个人的内心深处，都希望被看到、被听到、被理解。"

让每一次对话都充满价值

在我们的日常生活和职业生涯中，对话无处不在。无论是在办公室会议、朋友聚会，还是家庭晚餐，言语的交流无时无刻不在进行。然而，有价值的对话却并不常见。要让每一次对话都充满价值，需要我们掌握一些沟通的艺术和技巧。

1. 学会倾听——打开心门的钥匙

有效沟通的第一步就是学会倾听。真正的倾听不是简单地听到对方的声音，而是理解对方言语背后的情感和意图。倾听不仅能让对方感到被尊重和重视，还能让我们获得更多有价值的信息。保持眼神交流，点头回应，适时地用简短的话语如"我明白""继续说"来表示你在认真听，这不仅能鼓励对方继续表达，还能让对方感受到你的尊重和关心。

2. 用提问技巧打开思维的窗户

我们掌握了倾听的艺术，就可以通过提问来引导对话深入。一个好的问题能引发深思、激发创意，甚至解决问题。要注意使用开放式问题，而不是用简单的"是"或"否"回答的问题，这样可以引导对方展开更多的思考和表达，从而让对话更有深度和价值。

3. 真诚表达是建立信任的基石

在对话中，真诚地表达自己的想法和感受，不仅能增进彼此的理解，还能让对方感受到你的信任和尊重。不要害怕暴露自己的脆弱和不足，这反而会让你显得更加真诚和可靠。真诚是建立信任的基石，能够让对话变得更加有意义。

4. 寻找共同点，拉近彼此距离

真诚表达之后，寻找共同点是建立联系的重要方式。如果能发现彼此的共同兴趣、价值观或经历，就能够迅速拉近双方的距离，让对话变得更加融洽和愉快。找到共同点不仅能让对方感到亲近，还能为进一步的交流创造条件。

5. 表达同理心，理解他人的情感

同理心是理解他人情感的能力。在对话中，表达同理心能让对方感受到你的关心和支持，从而增强彼此的信任和连接。当对方分享困惑或感受时，试着站在对方的角度去理解，并用语言表达你的理解和关心。这种同理心的表达能让对方感到被理解和支持，有助于缓解对方的压力。

6. 有效反馈，促进其成长和改进

对话中的有效反馈可以帮助他人看到自己的优点和不足，从而促进其成长和改进。提供反馈时，要注意具体、及时和建设性。这样不仅能帮助对方改进，还能增强他对你的信任和尊重。具体的反馈能让对方明确知道哪些方面需要改进，而不是笼统地感到不足。

7. 保持开放心态，欢迎不同观点

在对话中，保持开放心态，欢迎和接受不同的意见和建议，不仅能丰富对话的内容，还能带来更多的创意和解决方案。每个人都有不同的观点和看法，开放心态能让对话变得内容丰富和有趣。同时也能让对方感到被尊重。

8. 幽默和故事，增加对话趣味性的法宝

幽默和故事是让对话生动有趣的法宝。适当的幽默能缓解紧张气

氛，让对话变得轻松愉快，而有趣的故事则能吸引注意力，增强对话的吸引力和记忆点。通过幽默和故事，不仅能让对话更有趣，还能更好地传递信息和情感。

9. 关注非语言沟通，读懂对方的信号

非语言沟通在对话中同样重要。通过观察对方的面部表情、肢体语言和声音语调，可以更好地理解对方的情感和态度。在表达自己时，也要注意自己的非语言信号，让你的表达更加有力和真诚。非语言沟通能补充和加强语言表达，让对话更有感染力。

10. 总结与跟进：确保对话的成果

一次有价值的对话并不应该在结束时戛然而止。总结和跟进是确保对话成果得以落实的重要步骤。在对话结束时，总结一下主要的讨论内容和双方达成的共识，并在后续的工作中进行跟进，确保所讨论的事项得以执行，这样不仅能确保对话的有效性，还能提高团队的执行力。

◎ 案例分析

桑达尔·皮查伊的故事

在科技界，桑达尔·皮查伊（Sundar Pichai）是一个广为人知的名字。他现任谷歌及其母公司Alphabet的首席执行官，领导

着全球最具影响力的科技公司之一。他的成功不仅源于其专业能力，更在于他善于通过有价值的对话，建立深厚的人际关系，推动事业发展。

皮查伊的职业生涯开始于一家半导体公司，但他很快意识到自己的兴趣并不在此。经过深思熟虑，他决定转向互联网技术领域，最终加入了谷歌。在谷歌工作的初期，皮查伊并不是公司里最耀眼的人物，但他很快展现出了自己独特的优势——每一次对话都充满价值。

皮查伊从不放过与同事、上司和下属交流的机会。他深知，倾听是沟通的基础。每次开会时，他总是认真倾听每个人的发言，不论是资深工程师还是初级员工。他不仅关注他们的技术见解，还倾听他们的困惑和建议。通过这种方式，他不仅获得了大量有价值的信息，还赢得了同事们的信任和尊重。

在一次重要的项目讨论会上，皮查伊展现了他卓越的提问技巧。他没有简单地询问"这个项目进展如何"，而是深入了解每个细节，提出开放式问题，如："我们在哪些方面可以做得更好？"这些问题引导团队成员深入思考，激发了他们的创造力和积极性。会议结束时，大家不仅解决了当前的问题，还找到了改进的方向。

皮查伊真诚地表达自己的观点和感受，不仅分享成功的经验，还谈论自己的挑战和不足。这种真诚的态度让他与团队成员之间建立了深厚的信任关系。团队成员知道，他们可以在皮查伊面前畅所欲言，因为他是真心实意地关心他们，并愿意帮助他们成长。

在一次跨部门的合作项目中，皮查伊找到了各部门之间的共同点，促进了更高效的合作。他展示了同理心，理解各部门的需求和难处，并积极寻求解决方案。他用幽默和故事增加了对话的趣味性，缓解了紧张的气氛，使得大家更愿意敞开心扉，提出建设性的意见。

皮查伊还注重非语言沟通。他通过面部表情、肢体语言和语调，让对方感受到他的真诚和重视。在对话结束后，他总是及时跟进，总结讨论的要点，确保每一个决定都得到落实。

通过这些方法，皮查伊不仅在谷歌内部建立了强大的网络，还推动了公司的创新和发展。他的每一次对话都充满价值，不仅解决了问题，还激发了团队的潜力，最终带领谷歌迈向了新的高峰。

桑达尔·皮查伊的成功故事告诉我们，有价值的对话不仅能建立深厚的人际关系，还能推动事业的发展。通过倾听、提问、真诚表达、寻找共同点、表达同理心、有效反馈、保持开放心态、用幽默和故事、关注非语言沟通以及总结和跟进，我们可以让每一次对话都充满价值，最终取得成功。让每一次对话都充满价值，是一门需要用心去学习和实践的艺术。

构建人际关系的原则

人际关系网的建构与完善，不是一朝一夕的事情。这也如同编织捕鱼用的渔网，有一个由点到线，由线到面的过程。下面是六个构建人际关系的原则。

1. 博采众长

在人际交往中，人们常常受方位的邻近性、接触频率的高低性和意趣的投合性影响，交往的领域往往比较狭窄。

其实，决定交往对象范围的主要因素，应该是"需要的互补性"，通过交往去获得"互补"的最大效益，我们应当打破各种无形的界限，根据自己生活、事业上求进步的需要，积极参加各类相应的交往活动，主动选择有益、有效的交往对象。

如果你发现自己某方面的个性有缺陷而又对某人这方面的良好个性十分羡慕和敬佩的话，那么你为什么不去主动找他谈谈，用自己的感受与苦衷去引发他介绍自己的体会与经验呢？如果你觉得自己与某人的长短之处正宜互补的话，那么你为什么不可以通过推心置腹的交往来取人之长，补己之短呢？

选准对象，抓住时机，主动出击，以己之虚心诚意去广交朋友，这对博采众长，克己之短，拓展连接的关系，完善自我是很有好处的。

2. 立体交叉

所谓"立体交叉"，可从不同角度去理解，如：从思想品德的角度说，就是不仅与比自己德高性善的人交往，也要适当与比较后进的人交往；从性格的角度上说，就是不仅与性格意趣相近者交往，还要适当与性格迥异、意趣不同者交往；从专业知识的深广度来说，就是不只限于与同一文化层次、同一专业行当的人交往，还应发展与不同文化层次，不同专业行当的人交往；从家乡习俗的角度来说，就是不仅要与同乡、国内的人交往，还应当发展与异乡人、外国人的交往……

日本组织工学研究所所长系川英夫曾这样谈到"人际关系网上的乘法"："通过与不同类型的各种人物交往，可以获得大量的情报信息，利用这些信息，便可以进行新的创造性活动。在与各种不同类型的人交往过程中，不仅可以产生一些新的设想，而且可以使自己的思想更加活跃"。

他还做了这样的对比：假如有两个人，A的能力为5，B的能力也为5，他们通过交流，将使两人的能力产生如下差别——两个人交流前的能力为"5"，两个人交换信息后的能力能达到"$5 \times 5 = 25$"。

3. 培养知己

爱因斯坦曾说过："世间最美好的东西，莫过于有几个头脑和心地都很正直的知心朋友。"这种朋友，就是古人所说的"道义相砥，过失相规"的"畏友"或"缓急可共，死生可托"的"密友"。

而事实上，这种交往和友谊的形成，与他们之间"高层次"的交往是分不开的。"高层次"交往的朋友有着共同的远大理想和事业上的进取心，他们在交往中共同探索人生的意义、科学的真理，有了成绩和进步，大家共享欢乐，相互鼓舞；遇到痛苦和挫折，彼此分担，互相激励；有了分歧，以诚相见，共求真理；对方有了缺点，直言不讳，不留情面。

北宋时的著名文学家苏轼与黄庭坚就是这样一对密友，两人常在一起吟诗论句、切磋学问。

有一次，苏轼说："鲁直，你近来写的字越来越清劲，不过有的地方太硬瘦了，几乎像树梢挂蛇啊。"说罢笑了起来。

黄庭坚回答说："师兄一语中的，令人心折。不过师兄写的字……"

苏轼见他犹豫不决，欲言又止，赶快说："你为什么吞吞吐吐，怕我听了吃不消吗？"

黄庭坚于是大胆地说："师兄的字，有时写得有些偏浅，就如石头压的蛤蟆。"话音刚落，两人笑得前俯后仰。

正是这种肝胆相照的互相砥砺，使他们之间的友谊与学问更加枝繁叶茂。这种高层次的交往，可以成为我们人际关系坚固的基础。

4. 老少携手

年轻人离不开老年人的提携和帮助。然而，由于青年人与中、老年人在思想、感情、思维方法和心理品质上的较大差异，加上青年人在青春发育成熟期心理上出现的成人感和独立性，"代际交往"常为两代人之间的心理障碍代沟所阻隔。

但这种"代沟"是可能而且必须要填平的，因为任何社会阶段都要靠各个年龄层次的人的相互帮助共同作用来发展。这种作用既有选择性的继承，也有创造性的发展、继承与创新。老年与青年的矛盾，也是推动社会文明进步的动力。要解决好这些矛盾，需要靠两代人的共同努力合作，而代际交往是两代人沟通的需要，实现能量互补的有效途径。

要发展代际交往，青年人必须虚心客观地、辩证地认识老年人与青年人各自的长短优劣之处，看到代际交往对双方缺陷的"互补"功能。

培根就曾这样论述过："青年的性格如同一匹桀骜不羁的野马，藐视既往，目空一切，好走极端，勇于改革而不去估量实际的条件和可能性，结果常常因浮躁而改革不成；而老年人经过岁月的磨难后，办事求稳保平安，他们往往思考多于行动，议论多于果断，有时为了事后不后悔，宁愿事前不冒险。"

最好的办法是把两者的特点结合起来。这样，年轻人就可以从老年人身上学到自己正需要的坚定的志向、丰富的经验、深远的谋略和深沉的感情。而且，老年人有着丰厚的人际关系资源，可以为年轻人提供广泛的人际关系"门路"。而老年人也可从青年身上学习自己所缺乏的蓬勃朝气、创新精神和纯真的思想。

俗话说："家有一老，如有一宝。"在你的人际圈子中，老年人是必不可少的。

5. 男女不拘

男女关系是人际关系网的一个重要方面。天地之间，阴阳互补，刚柔相济，两性的力量结合在一起，可以使人际关系网的能量扩大到你想不到的程度。心理学家发现，男女在一起劳动，效率能提高许多倍。

男人和女人不但在心理上，在其内在的性情品质上，也有着许多可以互补的内容：

男厚道，女淳朴；男直率，女含蓄；男豪爽，女婉约；男信实，女朴质；男忠诚，女纯真；男宽容，女温柔；男达观，女体贴；男聪明，女内秀；男明智，女精细；男机智，女乖巧；男精悍，女能干；男奋勉，女勤快；男稳健，女端庄；男儒雅，女娴静；男平易，女谦和；男旷达，女豁朗；男民主，女通理……

在行为上，两性也各有特色。男子步态矫健，女子款步轻盈；男子举止洒脱，女子动作优雅；男子言谈似夏雨，女子说话如春风；男子经历大事能决断，女子生活小事能自主……

可见，在你的人际圈子里，男女的组合是不可缺少的。它可以使你的生活充满生气和活力，使你在整个人际关系圈内焕发出具有生命力的吸引力和无限的能量。

在这里需要特别指出的是，有人认为，女人太软弱，女人爱唠叨……简直有数不清的缺点，身边女性朋友多了，闲事就多，自己也会变得婆婆妈妈的。其实这种想法是大错特错的。就连持这种想法的人也不得不承认一个事实：在求人办事方面，女性的成功率往往比男性大得多。这正是因为女性发挥了她们独特的品质，那就是温柔和怜悯。

其实温柔与软弱不可同日而语。相反，温柔更具有折服人的力量。

有一则太阳和风的寓言。一天，太阳和风在争论谁更有力量，风说："我来证明我更行。看到那儿有一个戴帽子的老头儿吗？我打赌我能比你更快地使他脱掉帽子。"于是太阳躲到云后，风就开始吹起来，愈吹愈大，愈吹愈有力，简直像一场飓风，但是风吹得愈急，老人把帽子拉得愈紧。终于，风平息下来，放弃了。这时，太阳从云后露面，开始以它温煦的微笑照着老人。不久，老人开始擦汗，摘掉帽子。

在生活中，我们也会常常发现这样有趣的事：有些事情让男人去干，结果越干越糟，而让一位温柔的女性来处理，事情反而解决得很圆满。

温柔的力量在于其能够促进沟通、理解、合作和关系维护。它通过减少防御和抵抗、增加共情和信任，帮助我们在复杂和敏感的问题中找到更有效和持久的解决方案。温柔不仅是个人层面的一种有效策略，也在家庭、职场和社会中显示出其巨大的潜力。

6. 上下兼顾

一个合理的人际关系网，必须从下至上、由低到高，由几个不同层次组成。层次原则，反映了人际关系网内部纵向联系上的客观要求。

一般来说，合理的人际关系网可以分为三个不同层次、基础层次、中间层次和最高层次。

基础层次指家庭关系，包括夫妻关系、父母子女关系、兄弟姐妹关系、婆媳关系、姑嫂妯娌关系及其他长幼关系。

中间层次指亲友关系，包括恋爱关系、邻里关系、朋友关系、亲戚关系等。

最高层次指工作关系，包括同事关系，上下级关系等。

只有让这三个层次组成一个宝塔形结构，一层比一层范围更窄，一层比一层要求更高，才有利于人际关系网的合理化。

在这三个层次之中，任何一个层次都不应当受到忽视。忽视了较低层次，较高层次便成为空中楼阁，无法牢固地树立；忽视了较高层次，较低层次便成了无枝、无叶、无果的根基，发挥不了应有的功能。

因此，在完善的人际关系网过程中，过分沉醉于家庭小圈子而不思进取，或者只想在事业上急于建树，而置家庭于不顾，都是不可取的。

◎ 案例分析

马克·艾略特·扎克伯格的故事

马克·艾略特·扎克伯格（Mark Elliot Zuckerberg）在哈佛大学时就展现了对人际关系网络的敏锐洞察。他创建了"脸书"（Facebook）的前身——Facemash，一个允许学生比较和评价彼此外貌的网站。尽管这个项目最终因为争议而关闭，但它为扎克伯格建立了一个重要的网络基础，让他认识到了社交网络的潜力。

在"脸书"的创建和扩张过程中，扎克伯格精心布局了他的人际关系网。他与许多有影响力的人物建立了联系，包括风险投资家、企业家和行业领袖。例如，他与贝宝（PayPal）的联合创始人彼得·蒂尔（Peter Thiel）建立了关系，后者后来成了"脸书"的早期投资者之一。

扎克伯格还非常注重团队的构建，他招募了一群才华横溢的同事，包括首席运营官雪莉·桑德伯格（Sheryl Sandberg）。桑德伯格的加入，不仅为"脸书"带来了宝贵的商业洞察力，还帮助公司收获了更多的商业伙伴。

此外，扎克伯格还通过收购和合作，扩大了"脸书"的影响力。例如，他通过收购"照片墙"（Instagram）和WhatsApp等公司，不仅获得了新的用户群体，也与这些公司的带头人建立了紧密的联系。

扎克伯格的人际关系布局不仅局限于商业领域，他与世界领导人的互动，如与印度总理莫迪的会面，也显示了他如何利用个人魅力和影响力来推动"脸书"的全球扩张。

马克·扎克伯格通过精心布局人际关系，不仅为自己的公司赢得了支持和资源，也给"脸书"的全球化战略打下了坚实的基础。他的故事证明了，在商业世界中，人际关系的布局是成功的关键因素之一。

突破人际关系的心理障碍

人生中很多的成功都来自良好的人际关系，而良好的人际关系又来自良好的交往，但因世人存在着许多冷漠与虚伪，使一些人在交往中不断受到挫折，承受了不少压力，最后失去兴趣心灰意冷，产生了懒得交往的消极心理，正是这些消极心理使一些人失去了走向成功的机会。

在社会上，碰壁是很寻常的事。因为社会上的一切并不是专为某个人而安排的，不可能完全按照某个人的意愿运行，但很多人碰壁以后，却疑神疑鬼，投鼠忌器，犹豫不前，这样的人是不可能获取成功的。现在，你不妨坐下来，替你的"人际关系网"把把脉，看自己是否存在以下有碍人际关系健康发展的心理。若有的话，实在应该彻底改正。

1. 防御心理

现代人习惯于以一种脆弱的心理去窥视外面的精彩世界。在这种精彩的世界"精彩"到使他们难以承受的时候，他们的心理便自然产生了防御与戒备。在他们的心里，世态炎凉，人情冷暖，钩心斗角，人心叵测，总令人防不胜防。于是他们信奉"画虎画皮难画骨，知人知面不知心"的人生信条，相信"逢人且说三分话，莫论他人是与非"的至理名言。他们进入交际场，自然会对他人缺少一种诚恳、真挚的信任感、坦率感。尤其是一些人曾经受到过他人伤害，"一朝被蛇咬，十年怕井绳"，这种防御心理就显得特别强烈。由此，这些人的交际热情必然受到一定影响。有时甚至觉得不如"躲进小楼成一统，管他春夏与秋冬"，把自己与世隔绝，逍遥自得，悠闲宁静地生活更好。他们从连接的世界中抽身而出，以为这样便可以省去很多的彼此争斗、尔虞我诈，及由此带来的烦恼与苦痛。

2. "刺猬"心理

冬天里有两只刺猬冷得瑟瑟发抖，它们互相靠近取暖，却被彼此的刺扎得直叫。它们不得不分开，可分开又冷，然后又彼此靠近……如此几个会合后，它们终于找到了一个既不会伤害彼此又能相互取暖的距离。

在连接中，有些人带有这种"刺猬"心理。一方面，他们对社会、人生，对他人认识中的一些阴暗面有一种恐惧心理，对人缺少信任，只得与人小心翼翼地交往周旋，尽量与人拉开心理上的距离，正所谓的一定距离才会使他们更有安全感；但另一方面，为了避免孤独、消除寂寞，他们也渴望感情，企盼温暖友爱。最后的结果是，他们对人不冷不热，处事不温不火，心理上的距离不远也不近，不轻易得罪一个人，也不企求有一个知己，一副顺其自然的状态。

这种若即若离的心理，几乎不可能与他人产生深度的、紧密的连接。

3. 功利心理

带有这种心理倾向的人，在人际交往中往往以眼前的名利为目的，以能否从他人那里得到实惠（名利）为选择交际对象的标准，其交际活动带有明显强烈的市侩气息。所谓"穷居闹市无人问，富在深山有远亲"，正是这种人交际心理状态的真实写照。在这些人身上，"功利"二字常会激发他们攀附权贵、搞上层交际的热情，但同时也会促使他们自觉不自觉地远离一些真正值得交往的人。在实惠与情义面前，他们选择了实惠，在物质与精神面前，他们摒弃了精神。因此，严格地说，这些人不是"懒得交往"，而是交往的倾向性很强。

4. 等级心理

生活在金字塔结构的等级制度中的人们，因自身的社会地位、文化教养、出身背景的不同，决定了人们必然处于社会系统的种种不同的等级中，因此交往中就必然带有一种比较浓厚的等级心理倾向，其交往的圈子也就容易限制在特定的等级范围里。文化人有文化人的圈子，IT有IT的圈子，骑手有骑手的圈子。表现在学者方面是"谈笑有鸿儒，往来无白丁"；表现在管理者方面则是很难交几个平民朋友或者是没有机会或者是无暇交往，一种自以为德高的潜意识主宰了他们的言行；而表现在平民这方面，也会是一种畏上的、自卑的等级心理，认为自己不过是普通工人或布衣百姓，够不上与高层次与级别高的人交往，一旦与不同"等级"的人相遇，便不免自惭形秽，浑身上下不自在。

5. 恋旧心理

随着现代社会经济体制的改革与变化，人际交往的对象也随之发生了变化，使得一些原来在稳定的环境中生活的人出现了某种不平衡的心理状态。他们往往以旧的、熟悉的人或事与新环境中的人或事比较，十分留恋旧环境，沉湎在以往人际关系的脉脉温情中。面对新环境，对初次相识相处的交际对象不甚了解，因而不愿主动交往甚至拒绝交际，从而在交际过程中始终处于被动地位。另一方面是时代的变化，人的价值观念在变化，很多人格外留恋过去年代那种单纯的人际关系。由此，人们在对比中或许更容易排斥或拒绝某种现代风气。于是，他们也就从心理上懒得与人交往了。

⚙ 案例分析

北野武的心灵突破

北野武这个名字在日本和全球影坛都具有举足轻重的地位。他以其独特的电影风格和深刻的思想闻名于世。然而，许多人不知道的是，北野武在成名之前，也曾经历过严重的人际关系障碍和心理困扰。

北野武出生在东京的一个普通家庭，父亲是画家，母亲是家庭主妇。年轻时的北野武性格内向，不善言辞，这使得他在学校里经常感到孤独和不安。他很难与同龄人建立深厚的友谊，经常感到自己被孤立。面对这些困难，北野武陷入了深深的自我怀疑，觉得自己无法与他人建立真正的联系。

高中毕业后，北野武决定考入大学，但由于家庭经济状况不佳，他不得不放弃学业，进入社会打拼。他在一家小剧场找到了一份工作，开始了他的表演生涯。然而，在初期的工作中，他发现自己很难与同事和观众建立联系，经常感到自卑和焦虑。

北野武意识到，自己需要改变，才能在这个行业中站稳脚跟。于是，他开始积极寻找突破心理障碍的方法。他阅读了大量的心理学书籍，了解了人际关系中的常见障碍和应对方法。他还参加了各种心理辅导和自我提升课程，希望借助专业的指导来改善自己的情况。

在这个过程中，北野武发现了一个重要的道理：真诚是建立人际关系的关键。他意识到，自己只有真诚地对待他人，才能赢得他人的信任和尊重。于是，他开始尝试在与人交流时更加真诚和开放，表达自己的真实感受和想法，而不是一味地迎合他人。

有一次，在剧场的一次排练中，北野武遇到了一位资深演员，这位演员经验丰富，性格开朗，深受大家喜爱。北野武一直很敬佩他，但又担心自己的内向性格会让对方觉得无趣。鼓起勇气后，北野武主动走过去，真诚地表达了自己对他表演的欣赏，并分享了自己在表演中的困惑和想法。

出乎意料的是，这位演员并没有觉得北野武无趣，反而对他的真诚感到欣赏。他不仅认真倾听了北野武的困惑，还分享了自己的经历和建议。这次真诚的交流，让北野武感受到了前所未有的温暖和支持，也让他第一次意识到，真诚交流可以建立起深厚的人际关系。

这次经历给了北野武很大的启发。从那以后，他在与人交往时更加注重真诚和开放。无论是在工作中，还是在生活中，他都尽量表达自己的真实想法和感受，不再害怕被误解或拒绝。他发现，真诚的态度不仅让他自己感到轻松自在，也让他人与他相处时感到舒适可靠。

随着时间的推移，北野武在舞台上和生活中都取得了显著的进步。他逐渐从一个内向孤僻的青年，变成了一个自信开朗的表演艺术家。他的表演风格独特，充满了幽默和智慧，深受观众喜爱。在演艺事业的不断发展中，北野武也结识了许多志同道合的朋友，建立了深厚的友谊。

北野武的成功不仅仅体现在他的个人事业上，他还通过自己的经历，影响了许多遇到类似困扰的人。他经常在公开场合分享自己的故事，鼓励那些在心理障碍中挣扎的人们勇敢面对问题，积极寻找解决方法。他的故事成了无数人的精神力量，激励着他们勇敢追求自己的梦想。

北野武的故事告诉我们：通过真诚的态度和积极的行动，我们可以克服人际关系中的心理障碍，建立起深厚的情感纽带。这不仅有助于我们的个人成长，也能为社会带来更多的和谐与温暖。

通过北野武的故事，我们可以看到，突破人际关系的心理障碍并不是一件容易的事，但只要我们保持真诚和自信，就一定能够找到属于自己的成功之路。每个人都有潜力成为更好的自己，只要我们勇敢地迈出第一步，未来就会充满无限可能。

持续维护和深化人际关系

在现代社会，人际关系不仅仅是职业发展的助推器，更是我们生活中不可或缺的一部分。无论你身处什么行业，建立和维护良好的人际关系都是成功的关键。然而，真正的挑战在于如何持续地维护和深化这些关系，使之不仅仅停留在表面，而是变得更加牢固和有意义。下面，我们将探讨一些实用的方法和策略，帮助你在日常生活和工作中，持续维护和深化人际关系。

1. 主动沟通，保持联系

维护关系的第一步，是主动沟通并保持联系。不要等到需要的时候才联系他人，真正的关系需要不断的互动和沟通来维系。定期的电话、简短的问候或见面，都可以让对方感受到你的关心和重视。

保持联系并不需要每次都进行长时间的交流，频繁的、细微的互动，比偶尔的大动作更能维系长久的关系。

2. 关心他人的生活

在人际关系中，关心他人的生活是深化关系的有效途径。了解对方的兴趣爱好、家庭情况以及职业发展，适时地给予关心和支持，会让对方感到被重视和被理解。

关心他人的生活不仅体现在大事上，更体现在小事中。生日祝福、节日问候、升职庆贺，甚至是对方家人健康状况的询问，这些细节都能让对方感受到你真诚的关心和在意。这种情感上的连接，比任何物质上的帮助都更能拉近彼此的距离。

3. 提供帮助和支持

在人际关系中，主动提供帮助和支持是建立信任和深化关系的重要方式。你在发现对方有需要时，主动伸出援手，不论是职业上的建议、资源的共享，还是生活中的实际帮助，都能让对方感受到你的真诚和可靠。

帮助他人不仅能解决他们的困境，更能让你在对方心中留下深刻的印象。值得注意的是，在帮助他人时要注重方式和时机，确保你的帮助是对方所需要的，而不是打扰或增添负担。不但"己所不欲，勿施于人"，还要注意"己所欲之，勿施于人"。而后者被很多人忽略。通过恰到好处的帮助，你可以建立起一种互信互助的关系，为未来的合作打下坚实的基础。

4. 共同参与活动

共同参与活动是深化人际关系的另一个有效方式。无论是职业上的会议、研讨会，还是生活中的聚会、运动，都能提供一个轻松愉快的环境，让彼此的关系更为亲密。

参与活动不仅可以增进感情，还能创造共同的回忆和话题。在活动中，你可以更加自然地了解对方的性格、兴趣和想法，找到更多的共同点和合作机会。这种面对面的交流，往往比线上沟通更具深度和效果。

5. 培养同理心和共情能力

同理心和共情能力是深化人际关系的关键因素。在与他人交往中，学会换位思考，理解对方的情感和需求，能让你更好地与对方建立情感连接。

同理心不仅能让你在交流中更有感染力，还能让对方感受到你的关心和理解。这种情感上的连接，是建立深厚人际关系的基础。通过培养同理心和共情能力，你可以在交往中更好地理解和满足他人的需求，建立起更加牢固和深厚的关系。

6. 创造共同回忆和经历

共同的回忆和经历，是深化人际关系的重要因素。通过共同参与活动、合作项目或是旅行冒险，你可以与对方建立起深厚的情感连接。

共同的经历不仅能增进彼此的了解和信任，还能为未来的交流和合作创造更多的话题和机会。这种共同的回忆和经历，是维系长久人际关系的重要纽带。

7. 保持积极和正能量

在人际交往中，保持积极和正能量，能让你在他人心中留下深刻的印象。积极乐观的态度，不仅能让你在交往中更具吸引力，还能为他人

带来积极的影响和鼓舞。

积极和正能量不仅体现在言辞上，更体现在行动中。通过积极面对挑战、乐观解决问题，你可以在交往中展现出积极向上的形象，赢得他人的尊重和认可。

8. 定期总结和反思

定期总结和反思是维护和深化人际关系的重要环节。通过定期回顾与他人的互动，反思自己的沟通方式和态度，可以帮助你发现问题和不足，及时进行调整和改进。

总结和反思不仅能提升你的人际交往能力，还能让你更好地了解他人的需求和期待。通过不断的改进和优化，你可以与他人进一步深化关系，建立起更加牢固和持久的连接。

⚙ 案例分析

玛丽莎·梅耶尔的故事

玛丽莎·梅耶尔（Marissa Mayer），这位曾经的谷歌高管和雅虎CEO，是科技界的一位杰出女性。她的成功不仅归功于其卓越的才华和努力工作，更在于她如何持续维护和深化人际关系，从而在竞争激烈的科技行业中脱颖而出。

梅耶尔在斯坦福大学学习计算机科学时，就展示出了非凡的才智。毕业后，她成为谷歌的第20号员工，也是公司首位女工程师。在谷歌的早期发展阶段，梅耶尔积极参与公司的核心项目，逐步展现出自己的领导才能。然而，她深知，成功不仅需要个人能力，还需要强大的人脉网络。

在谷歌工作期间，梅耶尔不断与同事、上司和外部合作伙伴建立并维护良好的关系。她注重倾听他人的意见，真诚地表达自己的想法，并通过频繁的沟通和互动，赢得了同事们的尊重和信任。她不仅在技术上给予支持，还在生活上关心同事，帮助他们解决各种问题。这种真诚和关怀，使她成为谷歌内部备受尊敬和喜爱的领导者。

而梅耶尔决定离开谷歌，接受雅虎CEO的职位时，面临着巨大的挑战。雅虎当时正处于困境，急需一位能够带领公司走出低谷的领导者。梅耶尔凭借在谷歌积累的丰富经验和广泛人脉，迅速组建了一支强大的管理团队。她通过自己的人脉网络，吸引了业内许多顶尖的人才加入雅虎，共同应对公司的转型挑战。

在雅虎的领导岗位上，梅耶尔继续通过人脉关系推动公司的发展。她与行业领袖、投资者和合作伙伴保持密切联系，寻求支持和合作机会。她积极参加各种行业会议和活动，分享雅虎的最新战略和成就，增强了公司在市场上的影响力和竞争力。

梅耶尔不仅重视与外界的联系，也注重内部员工的关系。她倡导开放透明的沟通文化，定期与员工进行面对面的交流，倾听他们的建议和反馈。她通过团队建设活动和员工关怀计划，增强了团队的凝聚力和士气，使员工们感受到公司的关爱和支持。

通过持续维护和深化人脉关系，梅耶尔不仅成功带领雅虎度过了许多艰难时刻，还提升了公司的整体业绩和市场地位。她的人脉网络不仅为她的职业生涯提供了强大的支持和资源，也为她个人赢得了广泛的尊敬和认可。

玛丽莎·梅耶尔的故事告诉我们，成功不仅依赖于个人的才华和努力，更需要持续维护和深化人脉关系。通过真诚地与他人建立联系，持续地关心和支持他人，我们不仅能在事业上获得更多的机会，还能在人生的道路上获得更多的支持和力量。

第三章

团队中的连接力

连接是团队成功的基石

让团队中的每个人都成为关键一环

打破隔阂，建立高效团队

建立信任，巩固团队连接

有效沟通，让团队连接更通畅

在现代职场中，团队的力量远远超过个人的独立作战。团队中的连接力是驱动集体前进的引擎，是每个成员发挥最大潜能的关键所在。它不仅仅是每周的例会或项目的协作，更是一种深层次的情感和信任的纽带。通过有效的沟通、共同的目标和卓越的领导，可以打造一个充满活力和凝聚力的团队。

连接是团队成功的基石

在现代企业中，团队合作已成为取得成功的关键。团队合作并不仅仅是几个人一起工作，它更像是一张复杂而精妙的网络，连接起每一个团队成员的智慧和力量。可以说，连接是团队成功的基石，是团队发挥最大潜力、实现卓越表现的关键因素。

团队连接不仅仅是人与人之间的关系，更是一种深层次的信任和理解。这种连接让每个团队成员都感到自己是整体的一部分，并且愿意为共同的目标而努力。通过连接，团队成员能够更好地理解彼此的长处和短板，从而实现优势互补，形成强大的协同效应。

连接不仅是情感上的纽带，也是信息和资源的桥梁。在一个连接紧密的团队中，信息能够迅速而准确地传递，资源能够高效地共享和利用。这种连接使团队在面对挑战时能够迅速反应，找到最佳解决方案，从而提高整体的工作效率和效果。

1. 构建团队信任

信任是团队连接的基石。没有信任的连接是脆弱的，难以承受压力和挑战。构建信任需要时间和耐心，需要团队成员之间的真诚沟通和相互支持。团队领导者在其中扮演着关键角色，他们需要以身作则，展现出诚信和可靠性，为团队树立榜样。

信任的建立离不开透明的沟通和开放的态度。团队成员之间需要坦诚相待，分享彼此的想法和感受。在遇到分歧时，能够理性讨论，尊重不同意见，而不是回避问题或指责他人。通过这样的沟通，团队成员能够更好地理解彼此，增强信任感。

2. 增强团队凝聚力

凝聚力是团队连接的另一重要方面。一个具有强大凝聚力的团队，成员之间有着共同的目标和价值观，并为此共同努力。增强团队凝聚力，需要通过各种方式，让团队成员感受到集体的力量和温暖。

集体活动是增强团队凝聚力的有效手段。通过共同的经历，团队成员能够建立起深厚的感情纽带。在工作之外的社交活动中，大家可以更加放松地交流，增进了解。这种集体活动不仅能增强团队成员之间的情感连接，还能激发团队的创造力和合作精神。

3. 培养团队合作精神

团队合作精神是团队成功的重要保障。在一个团队中，每个人都需要认识到自己不仅是一个独立的个体，更是整体的一部分。每个人的努力和贡献，都是团队成功的关键因素。培养团队合作精神，需要每个成员都具有大局观，能够从团队的整体利益出发，而不是仅仅关注个人的得失。

合作精神还体现在团队成员之间的相互支持和帮助上。在工作中，难免会遇到各种挑战和困难。此时，团队成员能够互相帮助，分担压力，共同解决问题，是团队合作精神的体现。通过这种合作，团队不仅能够更好地完成任务，还能增强成员之间的信任和友谊。

4. 实现有效沟通

有效沟通是团队连接的重要保障。只有通过清晰、及时的沟通，团队成员才能准确理解彼此的想法和需求，从而实现高效合作。沟通不仅仅是信息的传递，更是情感的交流和理解的桥梁。

在团队中，领导者需要积极创造沟通的机会和渠道，让每个成员都能够自由表达自己的意见和建议。定期的会议、座谈会，以及非正式的交流活动，都是促进团队沟通的有效方式。通过这些沟通，团队成员能够更好地了解彼此，形成默契和共识。

5. 提升团队创新能力

创新能力是团队成功的重要因素。在一个连接紧密的团队中，成员之间能够充分交流和碰撞思想，从而激发创新的火花。通过多样化的背景和经验，团队能够更好地解决复杂问题，找到创新的解决方案。

提升团队创新能力，需要营造一个开放和包容的环境。团队成员要能够自由地提出自己的想法，而不用担心被否定或嘲笑。领导者需要鼓励创新，给予支持和资源，让每个人都能在创新中找到自己的价值和成就感。

6. 维持团队健康文化

一个健康的团队文化，是团队连接的重要支撑。在一个健康的团队文化中，每个成员都感到被尊重和重视，能够在工作中找到归属感和满足感。这种文化不仅能提高工作效率，还能增强团队的凝聚力和向心力。

维持团队健康文化，需要领导者的积极引导和团队成员的共同努力。通过明确的价值观和行为准则，塑造积极向上的团队氛围。定期的团队建设活动，能够增强成员之间的情感连接，促进团队文化的形成和发展。

7. 应对团队冲突

在团队中，冲突是不可避免的。如何有效应对冲突，是团队成功的重要课题。通过建设性的冲突管理，团队能够在冲突中找到解决问题的途径，增强团队的适应能力和应变能力。

应对团队冲突，需要开放的态度和理性的沟通。通过坦诚的讨论，团队成员能够了解彼此的观点和需求，找到共同的解决方案。领导者在其中扮演着协调者的角色，帮助团队成员找到平衡点，促进冲突的解决。

8. 持续学习和成长

持续学习和成长，是团队连接的源泉。在一个不断学习和成长的团队中，每个成员都能不断提升自己的能力和素质，从而更好地为团队做出贡献。通过持续的学习，团队能够保持活力和创新力，适应不断变化的环境。

领导者需要鼓励团队成员积极学习，提供各种培训和发展机会。通过知识和技能的不断更新，团队能够在竞争中保持优势，实现持续的发展和进步。

◎ 案例分析

谷歌创始人的故事

谷歌，这家全球知名的科技巨头，背后有一个鲜为人知的故事，关于团队连接如何使他们从一个小小的初创公司，迅速崛起成为行业的领军者。而这个故事的核心人物，就是谷歌的两位联合创始人——拉里·佩奇（Larry Page）和谢尔盖·布林（Sergey Brin）。

在1996年，佩奇和布林还是斯坦福大学的研究生。两人在一次学术研讨会上相识，虽然最初意见相左，但他们很快发现了彼此的互补性和共同的兴趣爱好，特别是在互联网搜索技术方面。正是这种早期的连接，使得他们决定共同开发一个名为"Backrub"的搜索引擎，这个项目后来演变成了谷歌。

佩奇和布林意识到，单凭两个人的力量是无法实现他们宏大的梦想的。他们需要一个强大的团队来支持和推进项目的发展。他们开始招募各类人才，不仅看重技术能力，更注重人与人之间的化学反应和协作精神。在谷歌的早期团队中，大家不仅仅是同事，更是志同道合的朋友。

为了强化团队的连接，佩奇和布林创造了开放、透明的公司文化。每周的"TGIF"会议是谷歌文化的一部分。在这场会议中，所有员工都有机会直接向创始人提问，分享自己的想法和建议。这种开放的沟通渠道，不仅增强了团队成员之间的信任和理解，也激发了无数创意和创新。

团队连接不仅体现在工作中，也延伸到工作之外。谷歌的办公环境是自由而多样的，员工可以在午休时间打乒乓球、健身，甚至在草坪上进行头脑风暴。这样的环境促进了员工之间的非正式交流，增强了彼此的了解和合作。正是这些看似平常的互动，构筑了谷歌强大的团队连接。

这种连接的力量在谷歌的每一次重大决策和创新中都得到了体现。2004年，谷歌成功推出了"Gmail"，这一突破性的产品改变了人们使用电子邮件的方式。其背后的关键因素，正是团队之间的紧密合作和无障碍沟通。工程师们不断交流和分享自己的见解，快速解决问题，最终创造了一个卓越的产品。

佩奇和布林通过这种连接，建立了一个充满活力和创造力的团队，使得谷歌能够快速适应市场变化，不断推出颠覆性的创新。谷歌的成功不仅仅是技术上的突破，更是团队精神和连接的胜利。

谷歌的故事告诉我们，建立深厚的团队连接，能够激发每个成员的潜力，形成强大的协同效应，从而实现超乎想象的成功。正是这些看似简单的连接，成就了谷歌的辉煌。

让团队中的每个人都成为关键一环

在一个高效且充满活力的团队中，每个成员都能发挥出自己的最大潜力，成为不可或缺的关键一环。这不仅需要个人的努力和才华，更需要整个团队的互相支持和协作。

1. 建立共同的愿景

一个强大的团队始于一个清晰且激动人心的愿景。团队中的每个成员都对团队的目标充满认同和热情时，会自然而然地投入更多的时间和精力。共同的愿景不仅能激发个人的动力，还能增强团队的凝聚力。团队领导者需要不断强调这一愿景，让每个成员都能看见自己的努力如何推动团队向前发展。

愿景不仅仅是一个远大的目标，还应该具体、可行，并能引起情感共鸣。通过不断的沟通和交流，每个人都理解并认同这一愿景，会更愿意为之奋斗，并在日常工作中找到成就感和意义。

2. 营造开放的沟通环境

有效的沟通是团队成功的基石。营造一个开放、透明的沟通环境，让每个成员都能自由表达自己的观点和想法，是至关重要的。领导者需要主动倾听团队成员的意见，并及时给予反馈。这样的沟通方式不仅能让成员感到被重视，还能激发更多的创意和智慧。

在团队中，设立定期的沟通机制，如每周的团队会议或一对一的交流，可以确保信息的及时传达和问题的及时解决。让每个成员都能在沟通中找到自己的角色和价值，是提升团队整体绩效的关键。

3. 认同和激励每个人的贡献

每个人都希望自己的努力得到认可和赞赏。在团队中，及时肯定和激励每个成员的贡献，不仅能增强他们的自信心，还能激发他们的工作热情。领导者需要善于发现每个人的闪光点，并通过公开表扬、奖励等方式，让他们感受到自己的重要性。

激励不仅仅是物质上的奖励，更重要的是精神上的鼓励。通过创造一个支持性的环境，让成员们彼此鼓励、互相支持，可以形成积极向上的团队文化，推动整个团队不断进步。

4. 培养团队合作精神

团队合作精神是每个成员都能成为关键一环的基础。在团队中，成员们需要相互依赖、相互支持，共同面对挑战。通过培养团队合作精神，让每个人都认识到自己的努力对团队的成功至关重要，他们会更加愿意为团队付出和贡献。

团队合作精神可以通过共同的项目和任务来培养。让成员们一起解决问题、克服困难，不仅能增强他们的协作能力，还能加深彼此之间的信任和理解。通过这样的合作，每个成员都会意识到，只有共同努力，才能实现团队的目标。

5. 提供成长和发展的机会

每个人都有追求成长和发展的需求。在团队中，提供各种学习和发展的机会，可以激发成员的潜力，使他们不断提升自己的能力和素质。通过创设培训班、工作坊，设立导师制等方式，让每个人都能在工作中学习和成长，他们会更加珍惜自己的角色和责任。

成长和发展的机会不仅能提升个人的能力，还能为团队注入新的活力和创意。通过不断学习和进步，每个成员都会更加自信和有动力，愿意为团队的成功贡献自己的力量。

6. 建立互信互助的文化

信任是团队连接的基石。在一个充满信任和互助的团队中，每个成员都能感受到安全和支持，愿意分享自己的想法和建议。建立这样的文化，需要领导者以身作则，展现出诚信和可靠性，并鼓励成员之间的互信和合作。

互信互助的文化不仅能增强团队的凝聚力，还能提升整体的工作效率。当每个人都相信自己是团队的一部分，并愿意为他人的成功提供帮助时，整个团队会变得更加团结和强大。

7. 清晰的角色分工和职责

在团队中，每个成员都应该有明确的角色和职责。清晰的分工不仅能提高工作效率，还能让每个人都知道自己的工作对团队的重要性。领导者需要确保每个成员都理解自己的角色，并为他们提供必要的资源和支持。

明确的职责分工还可以避免重复工作和资源浪费，让每个人都能专注于自己的任务。同时，通过定期的检查和反馈，可以确保每个成员都在正确的轨道上前进，并及时解决可能出现的问题。

8. 倾听并回应成员的需求

在一个高效的团队中，领导者需要倾听并回应每个成员的需求。无论是工作上的问题还是个人的发展需求，都应该得到重视和解决。通过建立一个开放的反馈机制，领导者可以及时了解成员的需求，并采取相应的措施。

倾听并回应成员的需求，不仅能提升他们的满意度和忠诚度，还能增强团队的凝聚力和向心力。当每个成员都感受到自己是被重视和关心的，他们会更加愿意为团队的成功而努力。

9. 营造积极向上的工作环境

一个积极向上的工作环境，可以激发成员的工作热情和创造力。通过营造一个舒适、愉快的工作氛围，让每个人都能感受到工作的乐趣和意义，团队的整体士气和效率都会大幅提升。

积极的工作环境不仅体现在物质条件上，更重要的是心理上的支持和鼓励。领导者需要通过各种方式，如团队建设活动、趣味比赛等，增强成员之间的互动和交流，营造一个和谐、积极的团队氛围。

10. 持续改进和创新

团队的成功离不开持续的改进和创新。在一个不断追求进步的团队中，每个成员都能感受到挑战和机会，从而激发他们的潜力和创造力。团队通过鼓励创新和接受变革，每个人都能在工作中找到自己的价值和意义。

持续改进和创新需要全体成员的共同努力。领导者需要创造一个开放和包容的环境，让每个人都能自由地提出自己的想法和建议，并通过团队的力量将这些想法付诸实践。

11. 培养责任感和主人翁意识

责任感和主人翁意识是每个成员都能成为关键一环的重要因素。在团队中，培养成员的责任感和主人翁意识，可以让他们更加主动和积极地参与到工作中，提升整体的工作效率和质量。

责任感和主人翁意识可以通过明确的目标和奖励机制来培养。让每个人都清楚自己的目标和任务，并通过奖励机制激励他们完成目标，可以有效提升团队的整体表现。

12. 通过共同经历加深连接

共同经历是加深团队连接的重要途径。通过共同的项目、任务和活动，让成员们在合作中加深了解和信任，可以增强团队的凝聚力和向心力。共同经历不仅能增进感情，还能形成团队的独特文化和记忆。

共同经历可以是工作中的项目合作，也可以是工作之外的团队建设活动。通过这些经历，成员们会更加紧密地联系在一起，形成一个团结、合作的团队。

案例分析

迪士尼团队的故事

20世纪90年代初，迪士尼决定制作一部全新的动画片《狮子王》。当时，这个项目被认为是一个高风险的挑战，因为没有人确定一部以动物为主角的故事能否成功吸引观众。然而，迪士尼的创意总监杰弗瑞·卡森伯格（Jeffrey Katzenberg）坚信，只要团队中的每个人都发挥出自己的最佳水平，这个项目一定能成功。

项目初期，卡森伯格召集了一支由顶尖动画师、编剧、音乐家和声音演员组成的多元化团队。尽管每个人都有着不同的背景和专业，但他们都有一个共同的目标：打造一部伟大的动画片。卡森伯格深知，要让这个团队发挥出最大的潜力，必须让每个人都感受到自己的重要性。

他采取了开放、透明的管理方式，定期组织团队会议，让每个人都有机会表达自己的意见和想法。在这些会议上，卡岑伯格不仅倾听团队成员的建议，还鼓励他们提出大胆的创意。他常常说："这里没有小角色，每个人都是关键一环。"

为了激发团队的创造力，卡森伯格还组织了多次团队建设活动，如集体参观动物园、野外考察等，让团队成员不仅在工作中合作，也在生活中建立起深厚的友谊。这些活动不仅增进了成员彼此之间的了解和信任，还激发出无数的灵感和创意。

在《狮子王》的制作过程中，每个人都全力以赴，尽展所能。动画师们精雕细琢每一个角色的动作和表情，编剧们精心打磨每一句对白，音乐家们创造出震撼人心的配乐，声音演员们倾情演绎每一个角色。每个人的努力和才华，都为这部动画片注入了生命和灵魂。

　　然而，制作过程并非一帆风顺。遇到困难和挑战时，卡森伯格始终坚信团队的力量。他鼓励团队成员们相互支持，共同克服困难。通过不懈的努力和坚定的信念，他们终于完成了这部伟大的作品。

　　1994年，《狮子王》上映后，立刻引起了全球观众的热烈反响。它不仅成为迪士尼最成功的动画片之一，还获得了无数奖项和荣誉。然而，更重要的是，这部影片的成功展示了团队合作和每个人贡献的力量。

　　这个故事告诉我们，在一个团队中，每个人都是关键一环。通过开放的沟通、真诚的信任和共同的努力，团队能够克服任何困难，实现超越想象的成功。迪士尼《狮子王》的故事，正是这种团队精神的最佳诠释。

　　让团队中的每个人都成为关键一环，是团队成功的秘诀。通过建立共同的愿景、营造开放的沟通环境、认同和激励每个人的贡献、培养团队合作精神、提供成长和发展的机会、建立互信互助的文化、清晰的角色分工和职责、倾听并回应成员的需求、营造积极向上的工作环境、持续改进和创新、培养责任感和主人翁意识以及通过共同经历加深连接，可以让每个成员都感受到自己的重要性，共同推动团队迈向成功。

打破隔阂，建立高效团队

在现代职场中，团队合作是不可或缺的成功要素。然而，团队中的成员往往来自不同的背景，有着不同的工作方式和思维方式，这些差异可能会导致隔阂，影响团队的整体效率。如何打破这些隔阂，建立一个高效的团队，是每个管理者和成员都需要关注的问题。

1. 确立共同目标

建立高效团队的第一步，是明确共同的目标。团队的目标不仅要具体明确，还要让每个成员都能感受到它的重要性和紧迫感。共同的目标可以激发团队成员的内在动力，让大家朝着同一个方向努力。

在确定目标时，要确保每个人都能参与进来，听取他们的意见和建议。这样不仅能增强团队的凝聚力，还能让每个成员都对目标有更深的认同感。目标的制定不应是自上而下的命令，而应是集体智慧的结晶。

2. 建立信任关系

信任是团队合作的基石。没有信任的团队难以实现高效合作。要建立信任，首先需要诚实和透明的沟通。团队成员之间要能够坦诚地交流，分享自己的想法和感受，而不必担心被批评或误解。

信任还需要通过行动来建立。管理者应当以身作则，履行承诺，展现出对团队成员的信任和支持。同时，鼓励团队成员之间相互支持和帮助，通过实际行动来增强彼此的信任。

3. 鼓励多样性

一个高效的团队往往是多样化的团队。不同的背景和经验可以带来不同的视角和创意，帮助团队找到更好的解决方案。因此，要鼓励团队的多样性，尊重和包容每个人的独特性。

在团队中，要创造一个包容的环境，让每个成员都能自由地表达自己的观点。鼓励不同意见的碰撞和讨论，通过辩论和交流，找到最佳的解决方案。多样性的团队不仅能提高创新能力，还能增强团队的适应能力。

4. 提升沟通效率

高效的沟通是高效团队的重要特征。在团队中，信息的传递要快速、准确，避免信息的滞留和误解。为此，团队需要建立良好的沟通机制，包括定期的会议、及时的信息分享和反馈。

沟通不仅是信息的传递，更是情感的交流。通过面对面的沟通，团队成员可以更好地理解彼此的情感和动机，增进彼此的信任和合作；同时，要充分利用现代科技手段，如即时通信工具和协作平台，提高沟通的效率和便捷性。

5. 培养团队精神

团队精神是高效团队的灵魂。要培养团队精神，首先要让每个成员感受到自己是团队的一部分，对团队有归属感和责任感。通过集体活动和团队建设，增强成员之间的情感连接，形成强大的团队凝聚力。

团队精神还需要通过共同的价值观和行为准则来体现。管理者要明确团队的核心价值观，并通过实际行动来践行这些价值观。同时，要鼓励团队成员之间相互尊重、信任和支持，形成积极向上的团队文化。

6. 提供成长机会

个人成长是团队成功的重要保障。在高效团队中，每个成员都能找到自己的发展方向，不断提升自己的能力和素质。为此，团队需要提供各种成长机会，包括培训、学习和晋升机制。

管理者要关注每个成员的职业发展需求，提供个性化的指导和支持；同时，要鼓励团队成员自主学习，营造一个学习型团队的氛围。通过不断的学习和进步，团队成员不仅能提升个人能力，还能为团队的发展注入新的活力。

7. 设立明确的角色和职责

在高效团队中，每个成员都清楚自己的角色和职责，知道自己应该做什么、怎么做。明确的角色分工不仅能提高工作效率，还能避免冲突和误解。

管理者要确保每个成员都理解自己的职责，并为他们提供必要的资源和支持。同时，要建立明确的工作流程和制度，确保团队的运作有条不紊。通过明确的角色和职责，每个成员都能在团队中找到自己的位置，发挥自己的特长。

8. 激发团队的创新力

创新是高效团队的重要特征。要激发团队的创新力，首先要营造一个开放和包容的环境，让每个成员都能自由地提出自己的创意和建议。管理者要鼓励创新，给予团队成员充分的自由和支持。

创新不仅需要创意，更需要执行力。在高效团队中，创意不会停留在口头上，而是能够迅速转化为行动。通过有效的执行机制和团队协作，创新的想法才能真正落地，产生实际的效果。

9. 培养责任感和主人翁意识

在高效团队中，每个成员都有强烈的责任感和主人翁意识。他们不仅对自己的工作负责，更对整个团队的成功负责。要培养这种意识，首先要让每个成员感受到自己的重要性，认识到自己的工作对团队的贡献。

管理者要通过目标和奖励机制，激发成员的责任感和主动性。同时，要建立开放的反馈机制，让每个成员都能及时了解自己的工作表现和改进方向。通过培养责任感和主人翁意识，团队成员会更加积极和自觉地参与到团队的工作中。

10. 营造积极的工作环境

工作环境对团队的效率和士气有着重要影响。一个积极、舒适的工作环境可以激发成员的工作热情和创造力。管理者要关注工作环境的改善，包括物理环境和心理环境。

在物理环境方面，要提供舒适的办公设施和良好的工作条件。在心理环境方面，要营造一个和谐、友好的氛围，减少压力和冲突。通过营造积极的工作环境，团队成员会更加愉快和高效地工作。

11. 及时解决冲突

冲突在团队中是不可避免的，但如果处理得当，冲突也可以成为成长的契机。管理者要具备冲突解决能力，及时发现团队中的冲突，通过坦诚的沟通和理性的讨论，找到冲突的根源，并采取有效的解决措施。

冲突的解决不仅是为了恢复团队的和谐，更是为了提升团队的整体能力。通过冲突的解决，团队成员可以更好地理解彼此，增强合作和信任。管理者要善于利用冲突，推动团队的成长和进步。

12. 持续改进和提升

高效团队的建设是一个持续改进的过程。管理者要不断反思和总结团队的工作，发现问题和不足，采取措施进行改进；同时，要鼓励团队成员积极参与到改进过程中，共同寻找提升团队效率的方法。

持续改进不仅是对过去工作的总结，更是对未来的规划。通过不断的改进和提升，团队才能保持活力和竞争力，在不断变化的环境中取得成功。

案例分析

安娜·温图尔的故事

安娜·温图尔（Anna Wintour），全球时尚界的传奇人物，《Vogue》杂志的主编，她的成功不仅仅在于她敏锐的时尚眼光和卓越的编辑才能，更在于她如何打破团队内部的隔阂，建立一个高效、协作的团队，从而使《Vogue》成为时尚界的权威。

当温图尔刚接任《Vogue》主编时，杂志正处于一个低谷期。团队内部缺乏沟通，各部门之间的隔阂严重，创意枯竭，士气低迷。温图尔意识到，要重新振兴《Vogue》，首先必须解决团队内部的问题。

温图尔的第一步是重塑团队的沟通文化。她强调开放和透明的沟通，鼓励员工大胆表达自己的想法和建议。她每周都会亲自主持编辑会议，倾听每位编辑的意见，不论职位高低。在这些会议上，她创造了开放的环境，让每个人都能自由发言，分享自己的创意和观点。通过这种方式，团队成员逐渐感受到了被尊重和被重视，团队氛围也变得更加融洽。

为了进一步打破部门之间的隔阂，温图尔推动跨部门合作。她组织了许多跨部门的项目和活动，让编辑、摄影师、设计师和市场团队共同参与。通过这些合作项目，团队成员不仅在工作中密切配合，还在互动中增进了彼此的了解和信任。温图尔还强调

每个人的独特贡献，鼓励他们在自己的领域大胆创新。

温图尔还注重员工的个人成长和职业发展。她为团队成员提供各种培训和学习机会，帮助他们提升专业技能和业务能力。她还鼓励员工参与时尚界的各种活动和论坛，扩展视野，增强信心。通过这些举措，团队成员不仅提高了个人能力，也对《Vogue》的未来充满了信心和热情。

在团队文化的建设上，温图尔注重多样性和包容性。她认为，不同背景和文化的员工可以带来多样化的视角和创意。因此，她积极招聘来自不同背景的专业人才，丰富团队的多样性。同时，她创造了一个包容的工作环境，让每个人都能自由地表达自己的独特观点和创意。这种多样性和包容性为《Vogue》的内容注入了新鲜的活力和无限的可能性。

在温图尔的领导下，团队逐渐形成了强大的凝聚力和战斗力。大家共同努力，发挥各自的特长和优势，不断推出引领时尚潮流的作品。《Vogue》不仅在内容上焕然一新，读者群也迅速扩大，重新成为时尚界的风向标。

温图尔的故事告诉我们，一个成功的团队不仅仅依赖于个别成员的才华，更需要每个成员的协作和努力。通过建立信任和开放的沟通文化，鼓励多样性和包容性，重视个人成长和职业发展，打破隔阂，培养团队精神，营造良好的工作环境，团队才能焕发出强大的生命力，创造出卓越的业绩。

建立信任，巩固团队连接

在任何一个高效团队中，信任是最重要的基石。信任不仅是团队成员之间相互合作的前提，也是团队长久发展的动力源泉。缺乏信任的团队，沟通会变得困难，合作会变得僵化，最终团队的目标也难以实现。反之，在一个充满信任的团队中，成员之间的连接会更加紧密，团队的凝聚力和战斗力也会得到极大提升。

1. 透明和开放的沟通

信任始于沟通。在一个高效的团队中，沟通必须是透明和开放的。透明的沟通意味着团队成员之间没有隐瞒，每个人都能获得必要的信息，了解团队的目标和进展。开放的沟通则要求每个人都能自由地表达自己的想法和意见，而不用担心被批评或忽视。

领导者在这其中起着至关重要的作用。领导者要以身作则，展示出诚信和可靠性，公开透明地处理问题和做决定，赢得团队成员的信任。同时，领导者还要鼓励团队成员之间的沟通，让大家在一个平等的环境中交流，分享彼此的观点和建议。

2. 兑现承诺

信任的建立离不开兑现承诺。无论是领导者还是普通团队成员，言出必行都是赢得信任的关键。每当你做出一个承诺，就意味着你要对这个承诺负责，并努力去实现它。如果一个人总是无法兑现承诺，那么他在团队中的信誉就会受到影响，信任也会随之瓦解。

兑现承诺不仅仅是指完成工作任务，还包括对团队成员的关心和支持。如果你答应了要帮助某个同事解决一个问题，就一定要尽力去帮忙；如果你承诺要在某个时间节点前完成一项任务，就一定要按时完成。通过一次次的兑现承诺，你会逐渐赢得团队成员的信任，巩固团队的连接。

3. 尊重和理解

尊重和理解是建立信任的重要基础。在一个尊重和理解的环境中，团队成员会感到自己被重视和关心，从而更加愿意敞开心扉，信任他人。尊重不仅仅是礼貌上的尊重，还包括对他人观点和感受的尊重。

每个人都有自己独特的背景和经验，这些差异使得我们在看待问题时可能会有不同的视角。在团队中，领导者和成员要学会尊重这些差异，并通过理解来缩小这些差距。通过尊重和理解，团队成员之间的信任会逐渐加深，团队的凝聚力也会随之增强。

4. 鼓励合作

合作是团队成功的关键，而合作的前提是信任。在一个高效的团队中，成员之间的合作应该是无缝衔接的，每个人都能信任自己的同事，并且愿意为团队的共同目标而努力。为了鼓励合作，领导者需要创造一个支持合作的环境。

团队可以通过设立合作项目和任务，让成员们在合作中增进彼此的了解和信任。同时，领导者要奖励那些积极参与合作的成员，通过认可和激励，来强化合作的氛围。随着合作的不断深入，团队成员之间的信任也会逐渐巩固。

5. 建立反馈机制

有效的反馈机制是建立信任的重要工具。通过反馈，团队成员可以了解自己的表现和进步，同时也能获得改善的建议。一个良好的反馈机制不仅能提升团队的整体效率，还能增进成员之间的信任。

反馈要及时且具体，不能模棱两可或拖延不决。在给出反馈时，要注重建设性，既要指出不足，也要提出改进的建议。同时，反馈的过程要双向进行，领导者不仅要给予反馈，也要接受来自团队成员的反馈。通过这种双向沟通，团队成员会感受到彼此的重视和支持，信任感也会随之增强。

6. 培养团队精神

团队精神是信任的润滑剂。在一个充满团队精神的环境中，成员们会自然而然地信任和支持彼此。团队精神不仅仅是合作和协作的体现，更是一种共同价值观和目标的认同。

领导者可以通过团队建设活动和集体项目来培养团队精神，比如，通过集体讨论、头脑风暴、团队建设活动等方式，让团队成员在互动中增进感情，建立深厚的情谊。同时，领导者要通过自己的行为，树立团队精神的榜样，激励成员们共同努力，实现团队的目标。

7. 关注个人成长

团队中的每个成员都希望在工作中得到成长和发展。领导者要关注成员的职业发展需求，提供各种培训和学习机会，帮助他们提升专业技能和业务能力。通过支持个人成长，领导者可以赢得成员的信任，并增强团队的整体战斗力。

个人成长不仅仅指技能的提升，还包括职业前途的规划和实现。领导者要与成员们进行定期的职业发展对话，了解他们的职业目标和需求，并提供相应的支持和指导。通过这种方式，团队成员会感受到来自领导者的关心和支持，信任感也会随之增强。

8. 构建安全感

安全感是信任的基础。在一个充满安全感的环境中，团队成员可以放心地表达自己的意见和感受，而不必担心被批评或惩罚。构建安全感需要领导者以身作则，营造一个宽容和包容的团队氛围。

领导者要鼓励开放和诚实的交流，让成员们知道他们的声音是能够被听到的，他们的意见是被重视的。同时，领导者要公正对待每一个成员，避免偏袒和歧视。通过这种方式，团队成员会感受到安全和信任，团队的连接也会更加紧密。

9. 承担责任

承担责任是赢得信任的重要途径。在一个高效的团队中，每个成员都应该对自己的工作负责，并对团队的成功和失败承担责任。领导者要以身作则，承担自己的责任，树立榜样。

在面对问题和挑战时，领导者要主动承担责任，而不是推卸或逃避。同时，领导者要鼓励成员们承担责任，对他们的努力和贡献给予认可和奖励。通过这种方式，团队成员会更加信任和依赖彼此，团队的连接也会更加稳固。

◎ 案例分析

史蒂芬·库里的故事

在NBA的历史上，有许多传奇球星，但史蒂芬·库里（Stephen Curry）不仅以他的三分球闻名，更以他在球队中的领导力和建立信任的能力而著称。他的故事，不仅诠释了个人的成功，更是通过建立信任，巩固团队连接，最终取得辉煌成绩的典范。

2014年，库里成为金州勇士队的队长。尽管他个人表现出色，但球队却面临诸多挑战。队员之间的默契不足，战术执行不力，队内氛围紧张，这些问题都让球队难以取得突破。库里意识到，要想带领球队走向成功，必须从建立信任开始。

库里首先从自己做起：他在训练和比赛中总是全力以赴，以身作则。他不断与队友交流，不仅是战术上的探讨，更是对他们生活的关心。他会在训练结束后，陪伴队友一起加练，倾听他们的想法和建议。这种真诚的态度，让队友们逐渐对他产生了信任。

为了增强团队的凝聚力，库里还组织了许多队内活动，包括聚餐、游戏和外出旅游等。通过这些活动，队员们在轻松的氛围中增进了了解，拉近了彼此的距离。慢慢地，球队内部的隔阂开始消失，大家变得更加团结和信任。

在比赛中，库里强调团队合作的重要性。他鼓励队友们在场上互相传球，信任彼此的判断和能力。不论是关键时刻的决策，还是平时的小配合，库里总是选择相信队友，给予他们充分的支持和信心。这种信任，极大地提升了球队的士气和凝聚力。

库里的努力很快见到了成效。2015年，金州勇士队以67胜15负的战绩，成为常规赛冠军。更令人振奋的是，他们在季后赛中一路过关斩将，最终夺得了NBA总冠军。库里不仅凭借出色的个人表现荣膺MVP，更是通过建立和巩固团队的信任，带领球队走向了胜利的巅峰。

库里的故事告诉我们，信任是团队成功的基石。通过建立信任，巩固团队成员之间的连接，不仅能提升团队的凝聚力和战斗力，更能让团队在关键时刻发挥出巨大的潜能，实现超乎想象的成功。

无论是在篮球场上，还是在职场和生活中，信任都是连接人与人之间最坚固的纽带。愿我们每个人都能像库里一样，用真诚和信任，构建起强大的团队，共同迎接每一次挑战，创造更加辉煌的未来。

有效沟通，让团队连接更顺畅

在每一个成功的团队背后，都有一个共同的特征，那就是有效的沟通。沟通是连接团队成员之间的桥梁，是信息传递和情感交流的工具。没有沟通的团队，就像一台没有润滑油的机器，运转会变得迟钝，效率也会大打折扣。如何通过有效沟通，让团队连接更顺畅，是每一个管理者和团队成员都必须掌握的技能。

1. 建立开放透明的沟通文化

要让沟通在团队中顺畅进行，首先需要建立一种开放透明的沟通文化。这意味着团队成员之间没有隐瞒，信息能够自由流通，大家都能了解团队的目标、进展和遇到的挑战。这样的环境不仅能增强团队的凝聚力，还能提高每个人的参与感和责任感。

领导者在建立这种文化中起着关键作用。他们需要以身作则，分享自己的决策过程和思考方式，让团队成员了解公司的大方向和策略。同时，领导者要鼓励团队成员提出问题和建议，表达自己的看法和意见。团队成员只有感觉到自己的声音被听到了，才会愿意积极参与到沟通中来。

2. 关注倾听的重要性

有效的沟通不仅仅是说，还包括倾听。倾听是理解和回应他人的基础，是尊重和关怀的表现。在团队中，倾听可以帮助我们更好地理解同事的需求、想法和情感,从而做出更好的决策和反应。

倾听不只是听到对方的声音,还要用心去理解对方的意思。这包括保持眼神交流,点头回应,适时地重复对方的话语以示确认。同时,在对方表达时,不打断对方,让他们有充分的时间和空间来讲述自己的观点和感受。通过这样的倾听,团队成员之间可以建立更深的信任和理解,沟通也会变得更加顺畅。

3. 注重清晰的表达

在沟通中,表达的清晰度至关重要。模糊不清的信息不仅容易引起误解,还会导致工作中的失误和效率的降低。要确保信息传达得清晰,首先需要在表达之前理清自己的思路,明确自己要说什么,怎样说才能让对方准确理解。

使用简洁明了的语言,避免使用过多的专业术语或复杂的句子结构。同时,关注对方的反应,确保对方理解了你的意思。在必要时,可以通过图表、示意图等辅助工具来增强表达的效果。清晰的表达不仅能提高沟通的效率,还能增强团队的协作能力。

4. 注重情感和态度的表达

沟通不仅仅是信息的传递,更是情感和态度的表达。在团队中,情感和态度的表达可以增强成员之间的亲密感和信任度,使沟通更加顺畅和愉快。一个真诚的微笑、一句关心的问候,往往比长篇大论更能打动人心。

在表达情感和态度时,要注意真诚和自然。过于刻意或虚伪的表达不仅不能增进感情，反而可能引起对方的反感和怀疑。通过真诚的情感和态度表达，让团队成员感受到你的关心和尊重，沟通也会变得更加顺畅和愉快。

5. 及时反馈

反馈是沟通的一个重要环节。通过反馈，我们可以了解对方对我们所传达信息的理解和反应，从而调整自己的表达方式和内容。在团队中，及时的反馈可以帮助我们发现问题，解决问题，避免误解和冲突的发生。

反馈不仅仅是对工作结果的评价，还包括对工作过程的关注。对于正面的表现，要及时给予肯定和赞扬；对于不足之处，要给予建设性的建议和指导。通过及时的反馈，团队成员可以不断改进和提升自己的能力，团队的整体水平也会不断提高。

6. 多渠道沟通

在现代职场中，沟通的渠道和方式越来越多样化。除了面对面的交流，还有电话、邮件、即时通信工具、视频会议等。不同的沟通渠道有不同的优势和适用场景，合理选择和使用这些渠道，可以提高沟通的效率和效果。

面对面的交流适合讨论复杂的问题和情感交流，能够增强互动和理解。电话和即时通信工具适合快速沟通和信息传递，能够及时解决问题和疑问。邮件和视频会议适合正式的汇报和讨论，能够提供清晰的记录且便于回溯。通过多渠道的沟通，团队可以更灵活地应对不同的沟通需求，让信息传递更加顺畅和高效。

7. 建立沟通机制

要让沟通在团队中成为一种常态，需要建立起系统的沟通机制。定期的团队会议、一对一的交流、项目总结会等，都是有效的沟通机制。通过这些机制，可以确保信息的及时传递，问题的及时发现和解决。

在建立沟通机制时，领导者要考虑团队的实际情况和需求，灵活调整沟通的频率和方式；同时，要鼓励团队成员积极参与到沟通机制中来，表达自己的意见和建议。通过有效的沟通机制，团队的连接会更加紧密，合作也会更加顺畅。

8. 文化与价值观的认同

在一个团队中，文化和价值观是沟通的基础。只有当团队成员对共同的文化和价值观有认同，沟通才能在一个共同的框架内进行，减少误解和冲突。通过对文化和价值观的认同，团队成员可以在沟通中找到共同的语言和理解。

文化和价值观的认同，需要通过日常的行为和实践来体现。领导者要以身作则，展示团队的文化和价值观，通过自己的行动来影响和带动团队成员；同时，要通过培训、活动等方式，增强团队成员对文化和价值观的认同感，让每个人都能在沟通中找到归属感和意义。

9. 及时处理冲突与分歧

在团队中，冲突和分歧是不可避免的。有效的沟通不仅是为了传递信息，更是为了及时处理冲突和分歧。在面对冲突和分歧时，要保持冷静和理性，通过坦诚的交流和讨论，找到解决问题的办法。

处理冲突和分歧的关键，是要倾听对方的意见和感受，理解对方的立场和需求。在讨论中，要避免攻击和指责，注重问题的解决，而不是责任的推卸。通过有效的沟通，团队可以在冲突中找到平衡点，增强彼此的理解和信任。

10. 持续改进沟通

沟通是一个持续改进的过程。在团队中，要不断反思和总结沟通的效果，发现问题和不足，采取措施进行改进。通过不断的改进，沟通的质量和效率会不断提升，团队的连接也会更加紧密。

持续改进沟通，需要团队成员的共同努力。领导者要带头反思和改进，鼓励成员们提出意见和建议，通过集体智慧来优化沟通方式和内容。通过持续的改进，团队的沟通会越来越顺畅，合作也会越来越高效。

⚙ **案例分析**

菲尔·奈特的故事

菲尔·奈特（Phil Knight），耐克公司的创始人，以其卓越的商业眼光和领导才能闻名于世。他通过有效沟通，使团队连接更加顺畅，带领耐克公司从一个小小的鞋业初创企业成长为全球最知名的运动品牌之一。

早期的耐克公司，那个时候还叫蓝带体育公司（Blue Ribbon Sports），面临着诸多挑战。团队成员背景各异，有些是运动员出身，有些是市场营销专家，还有些是生产技术人员。不同的背景和专业知识虽然带来了多样化的视角，却也导致了团队内部的沟通不畅和合作困难。

菲尔·奈特意识到，要让公司走向成功，必须首先解决团队内部的沟通问题。他决定从建立信任和透明沟通入手。他开始定期组织团队会议，确保每个成员都有机会分享自己的想法和建议。奈特鼓励大家畅所欲言，无论是关于市场策略的讨论，还是关于产品设计的意见，每个人的声音都能被听到。

奈特强调，沟通不仅仅是传达信息，更是理解和共情。他在会议中不仅仅是倾听，还会主动询问团队成员的意见，确保大家都能参与到决策过程中。奈特相信，只有每个人都感受到自己的重要性，团队才能真正团结一致。

为了进一步打破隔阂，奈特还注重团队成员之间的情感连接。他组织了一系列的团队建设活动，包括户外运动、聚餐和团队旅行。这些活动不仅增强了成员之间的了解和信任，还培养了深厚的友谊。奈特知道，只有当团队成员在情感上互相支持，工作中的沟通才能更加顺畅和高效。

奈特还建立了开放的反馈机制。无论是对产品的改进建议，还是对市场策略的调整意见，团队成员都可以随时提出。奈特不仅鼓励大家提出建设性的批评，还会认真考虑并迅速采取行动。他的这种开放态度，让团队成员感受到了被重视和被尊重，从而更加积极地参与到公司的发展中。

通过这些努力，菲尔·奈特成功地打破了团队内部的隔阂，建立了高效的沟通机制。团队成员在相互信任和支持的基础上，发挥出了最大的潜力。耐克公司的产品不断创新，市场占有率逐步提升，最终成为全球最具影响力的运动品牌之一。

菲尔·奈特的故事告诉我们，沟通是团队连接的关键。通过建立开放透明的沟通文化和情感连接，可以让沟通更加顺畅，团队成员更加团结，工作更加高效。有效的沟通不仅能提高团队的工作效率，还能增强团队的凝聚力和向心力，实现更高的目标和更大的成功。

第四章

企业中的连接效应

企业文化中的连接力量

如何通过连接提高员工满意度

连接客户，打造忠诚度的秘诀

跨行业合作，连接企业内外资源

在现代企业中，连接效应是一种强大的力量，它能够将个人的潜能汇聚成集体的智慧，推动企业不断前行。连接效应不仅体现在员工之间的紧密合作，还包括企业与客户、合作伙伴之间的深度连接。正如一棵大树需要根系相连，才能枝繁叶茂，企业也需要通过高效的连接，才能茁壮成长。在本章中，我们将探索如何通过建立有效的沟通网络、培养共同的愿景和加强协作，来激发企业内部和外部的连接效应，助力企业实现持续成功！

企业文化中的连接力量

在现代企业中，企业文化是推动企业成功的重要力量。而在企业文化中，连接的力量尤为重要。连接不仅仅是人与人之间的关系，更是团队精神和合作的体现。通过建立和巩固这种连接，企业可以激发员工的潜力，增强团队的凝聚力，从而实现卓越的业绩和持续的发展。

1. 连接促进沟通与理解

在企业文化中，连接的力量首先体现在沟通与理解上。一个充满连接的企业文化，必然是一个沟通顺畅的文化。在这样的企业中，信息畅行无阻，员工之间能够及时分享信息，反馈意见，解决问题。这种开放的沟通环境，不仅能提高工作效率，还能增强员工之间的理解和信任。

沟通是连接的桥梁。通过沟通，员工可以了解彼此的想法和需求，减少误解和冲突。在一个沟通顺畅的企业文化中，每个人都感受到被重视和被倾听，这种感觉能极大地提升员工的归属感和工作积极性。

2. 连接激发团队合作

连接的力量在团队合作中尤为明显。在一个充满连接的企业文化中，团队成员之间互相支持，共同努力，目标一致。这样的团队不仅能应对复杂的挑战，还能在竞争中脱颖而出。

团队合作是企业成功的关键。在一个连接紧密的团队中，成员们能够充分发挥各自的优势，互补短板，共同完成任务。通过紧密的连接，团队成员之间的信任和默契不断增强，合作也变得更加高效和顺畅。

3. 连接增强员工归属感

连接的力量还体现在增强员工的归属感上。在一个充满连接的企业文化中，员工感受到自己是团队的一部分，对企业有强烈的归属感和认同感。这种归属感不仅能提升员工的工作满意度，还能增强他们对企业的忠诚度。

归属感是员工动力的源泉。员工感受到自己在团队中被需要和被重视时，会更加积极地投入工作，愿意为团队的成功贡献自己的力量。通过连接，企业可以营造一种家庭般的氛围，让每个员工都能在工作中找

到意义和成就感。

4. 连接推动创新与发展

在企业文化中，连接的力量还表现在推动创新与发展上。在一个连接紧密的企业中，员工之间的互动和交流能够激发创意和灵感。通过多样化的思维碰撞和合作，企业能够不断推陈出新，保持竞争优势。

创新是企业发展的动力源泉。在一个连接的文化中，员工敢于提出自己的想法和建议，企业也鼓励和支持这些创新。通过连接，企业可以形成一种创新的氛围，让每个员工都成为创新的主体，共同推动企业的发展和进步。

5. 连接构建信任与尊重

信任和尊重是连接的基石。在一个充满连接的企业文化中，员工之间相互信任，彼此尊重。这种信任和尊重，不仅能提升员工的工作满意度，还能增强团队的凝聚力和向心力。

信任是高效合作的前提。在一个信任的环境中，员工敢于表达自己的观点和想法，不用担心被批评或被排斥。而尊重则是信任的延伸，通过尊重每个人的独特性和贡献，企业可以形成一种包容和谐的文化氛围。

6. 连接提升工作幸福感

在企业文化中，连接的力量还体现在提升员工的工作幸福感上。一个充满连接的企业文化，不仅关注员工的工作表现，还关注他们的身心健康和生活质量。在这样的企业中，员工能够找到工作与生活的平衡，享受到工作带来的快乐和满足。

工作幸福感是员工长期动力的保障。员工感受到工作的意义和价值，会更加积极和投入。通过连接，企业可以关注和满足员工的多样化需求，让他们在工作中体验到更多的幸福和快乐。

7. 连接推动共同成长

连接的力量还在于推动员工和企业的共同成长。在一个充满连接的企业文化中，企业关注员工的职业发展，提供各种学习和成长的机会。而员工也在企业的发展中，不断提升自己的能力和素质，实现个人的职业目标。

共同成长是企业和员工双赢的局面。通过连接，企业和员工可以形成良性的互动和循环，员工在企业的发展中找到自己的位置，而企业也因为员工的成长而不断壮大。通过这种共同成长，企业和员工都能实现更高的目标和更大的成功。

8. 连接促进企业文化的传承

在企业文化中，连接的力量还体现在促进企业文化的传承上。一个充满连接的企业文化，能够让新员工快速融入，感受到企业的价值观和精神。而老员工也能通过连接，传递和延续企业的文化传统。

企业文化的传承，是企业长久发展的根基。通过连接，企业可以确保文化的延续和发展，让每个员工都成为文化的传承者和践行者。通过这种方式，企业能够在不断变化的环境中，保持自身的独特性和竞争力。

◎ 案例分析

霍华德·舒尔茨的故事

霍华德·舒尔茨（Howard Schultz），这位星巴克的前首席执行官，以其卓越的领导力和对企业文化的深刻理解，将星巴克从一家普通的咖啡店发展成为全球最著名的咖啡品牌。舒尔茨深知，在企业文化中，连接的力量是无可替代的。

当舒尔茨刚加入星巴克时，星巴克还只是西雅图的一家小型咖啡豆零售店。舒尔茨看到的不仅是咖啡的潜力，更看到了通过连接员工、顾客和社区，建立起一种独特的企业文化的机会。他决定从员工开始，打造一种家庭般的工作环境。

舒尔茨采取的第一步就是与每一位员工建立直接的联系。他亲自走访每一家门店，与员工面对面交流，倾听他们的想法和建议。这种真诚的互动，让员工们感受到了被尊重和被重视。舒尔茨相信，只有让员工感受到归属感和认同感，他们才能真正为顾客提供优质的服务。

为了进一步巩固这种连接，舒尔茨在公司内部推行了一系列福利政策。星巴克成为第一批为兼职员工提供医疗保险和股票期权的公司之一。舒尔茨知道，这不仅能提升员工的工作满意度，还能增强他们对公司的忠诚度和责任感。通过这些举措，舒尔茨成功地将员工紧密连接在一起，形成了一种强大的企业文化。

但舒尔茨的目标不仅仅是内部连接，他还致力于将这种文化扩展到顾客和社区中。星巴克的每一家门店，都不仅仅是卖咖啡的地方，更是社区的交流中心。舒尔茨鼓励员工与顾客建立个人联系，记住常客的名字和喜好，让每位顾客都感受到家的温暖。

此外，舒尔茨还积极推动星巴克参与各种社区活动和慈善事业。他深信，企业不仅要追求利润，更要承担社会责任。通过与社区的深度连接，星巴克不仅赢得了顾客的心，也赢得了社会的尊重和支持。

这种强大的连接力量，使星巴克在舒尔茨的领导下，经历了快速的发展和扩展。从最初的几十家店铺，迅速发展到全球数万家门店，星巴克成为世界上最成功的咖啡品牌之一。

霍华德·舒尔茨的故事告诉我们，在企业文化中，连接的力量是无穷的。通过真诚的沟通、有效的福利政策和积极的社会责任，企业不仅能提升员工的归属感和满意度，还能与顾客和社区建立深厚的情感纽带。正是这种连接，使得星巴克不仅仅是一家咖啡公司，更成为无数人生活中不可或缺的一部分。

通过这个故事，我们可以看到，连接不仅仅是人与人之间的关系，更是企业文化的核心力量。愿我们每一个企业都能像星巴克一样，通过强大的连接，打造出独特而有力的企业文化，实现更加辉煌的未来。

如何通过连接提高员工满意度

在企业管理中，员工满意度是一个至关重要的指标。满意度高的员工不仅能够提高生产力，还能促进企业的创新和发展。然而，如何提高员工满意度一直是管理者们面临的一大挑战。答案其实并不复杂，通过建立和巩固员工之间的连接，可以大幅提升他们的满意度和忠诚度。

1. 建立信任与尊重

信任是任何关系的基础。在企业中，信任同样重要。员工希望在一个他们可以信任的环境中工作，这种信任包括对领导者的信任，对同事的信任，以及对企业文化的信任。管理者要以身作则，展现诚信和透明的行为，确保每个决策都是公平公正的。

尊重是信任的延伸。员工感受到被尊重时，会更加努力地投入工作，因为他们会感到自己的价值和贡献得到了认可。尊重不仅仅体现在语言上，更要体现在行动中，例如，尊重员工的意见和建议，尊重他们的时间和努力。

2. 开放的沟通渠道

沟通是连接员工与企业的重要桥梁。一个开放、透明的沟通渠道，可以让员工自由表达他们的想法、意见和担忧。管理者需要主动倾听，认真回应，确保每个员工都感受到他们的声音被听到了。

定期的一对一面谈、团队会议以及匿名反馈渠道，都是促进沟通的有效方式。通过这些沟通渠道，管理者可以及时了解员工的需求和问题，做出相应的调整和改进。这不仅能提高员工的满意度，还能增强他们的归属感和忠诚度。

3. 培养团队精神

团队精神是企业文化中不可或缺的一部分。一个拥有优良团队精神的环境，可以让员工感受到集体的力量和支持。在团队中，员工能够互相帮助，共同克服困难，分享成功的喜悦。

为了培养团队精神，管理者可以组织各种团队建设活动，如户外拓展、集体培训、团队游戏等。这些活动不仅能增进员工之间的了解和信任，还能增强团队的凝聚力和合作精神。通过这些努力，员工会更加愿意融入团队，感受到团队的温暖和力量。

4. 提供成长与发展机会

员工希望在工作中不断成长和发展。一个能够提供丰富成长机会的企业，往往能赢得员工的忠诚和热情。管理者需要关注每个员工的职业发展需求，为他们提供相应的培训和发展机会。

制订个性化的职业发展计划，是满足员工成长需求的有效方式。通过了解员工的职业目标和兴趣，提供相应的培训、导师指导以及晋升机会，可以让员工感受到企业对他们的重视和投资。这样的努力不仅能提高员工的满意度，还能激发他们的潜力和创造力。

5. 营造积极的工作环境

工作环境对员工的满意度有着直接的影响。一个舒适、友好的工作环境，可以让员工感受到工作的乐趣和意义。管理者需要关注工作环境的各个方面，包括办公设施、工作氛围、员工关系等。

在物理环境方面，确保办公设施的舒适和便利，例如提供符合人体工学的办公家具、良好的照明和空气质量等。在心理环境方面，营造一个积极、友好的氛围，鼓励员工之间的交流和合作，减少压力和紧张感。通过这些努力，员工会更加享受工作，满意度自然也会提高。

6. 认可与奖励

认可与奖励是激励员工的重要手段。每个员工都希望自己的努力和贡献得到认可和赞赏。管理者需要建立一个公平、公正的认可与奖励机制，让每个员工都能感受到自己的价值。

在日常工作中，及时的肯定和鼓励，可以增强员工的信心和动力。定期的表彰和奖励，如员工表彰大会、年度最佳员工评选等，可以激发员工的积极性和创造力。通过认可与奖励，员工会感受到企业对他们的重视和感谢，满意度自然会提高。

7. 平衡工作与生活

工作与生活的平衡，是员工满意度的重要影响因素。员工不仅希望在工作中取得成功，也希望能够拥有丰富的个人生活。管理者需要关注员工的工作与生活平衡，为他们提供灵活的工作安排和支持。

灵活的工作时间、远程办公、带薪休假等措施，可以帮助员工更好地平衡工作与生活。同时，关心员工的身心健康，提供健康管理计划和心理支持，也能有效提高员工的满意度。通过这些努力，员工不仅能在工作中保持高效，还能拥有充实和幸福的生活。

8. 构建安全感

安全感是员工满意度的基础。在一个有安全感的环境中，员工能够放心地工作，敢于表达自己的想法和意见。管理者需要建立一个安全、可靠的工作环境，让员工感受到企业的保护和支持。

在物理安全方面，确保工作场所的安全措施到位，防止意外事故的发生。在心理安全方面，建立公平公正的工作制度，避免歧视和偏见。通过这些努力，员工会感受到企业对他们的关爱和保护，满意度自然会提高。

案例分析

玛丽·巴拉与通用汽车的故事

玛丽·巴拉（Mary Barra）作为通用汽车公司（General Motors）的首席执行官，以其卓越的领导才能和对员工的深刻关怀，使通用汽车从困境中崛起，并通过建立深厚的连接，显著提高了员工的满意度和忠诚度。

在2014年，玛丽·巴拉成为通用汽车的首位女性CEO时，公司正面临一系列的挑战。多年的召回危机和财务困境让员工士气低落，信心不足。巴拉深知，要重振通用汽车，必须从内部开始，通过连接提升员工的满意度和忠诚度。

巴拉首先推动的是开放透明的沟通文化。她定期举办全体员工大会和小组讨论会，亲自参与并倾听员工的意见和建议。在这些会议上，她强调："每个人的声音都很重要。"巴拉通过这种开放的沟通方式，让员工感受到被尊重和被重视，增强了他们对公司的信任感和归属感。

除了沟通，巴拉还致力于建立一种关怀和支持的企业文化。她推行了一系列福利政策，不仅提供有竞争力的薪酬，还特别关注员工的工作与生活平衡。她引入了灵活工作时间和远程办公的政策，让员工能够更好地平衡工作与家庭生活。此外，巴拉还强调员工的健康和福祉，设立了心理咨询和健康管理计划，以支持员工的身心健康。

巴拉还非常注重员工的职业发展。她为员工提供了广泛的培训和发展机会，包括领导力培训、技能提升课程和职业发展辅导。她相信，员工的成长和公司的成功是密不可分的。通过提供这些成长机会，巴拉不仅提升了员工的技能水平，也增强了他们的职业满意度和忠诚度。

团队合作也是巴拉关注的重点之一。她鼓励跨部门合作，打破组织壁垒，让不同背景的员工能够互相学习、互相支持。巴拉常说："只有团结一致，才能战胜任何挑战。"在她的领导下，通用汽车的团队精神得到了极大的增强，员工们在共同努力中，找到了更多的工作乐趣和成就感。

巴拉的努力很快见到了成效。员工的满意度和忠诚度显著提升，大家对公司的未来充满了信心。通用汽车也因此迎来了新的辉煌，成功推出了一系列创新型汽车产品，重新赢得了市场的认可和客户的信赖。

玛丽·巴拉的故事告诉我们，通过建立深厚的连接，可以显著提高员工的满意度和忠诚度。开放透明的沟通、关怀和支持的企业文化、注重员工的职业发展和健康、鼓励团队合作，这些都是提升员工满意度的重要手段。在巴拉的领导下，通用汽车不仅克服了困境，更成为全球汽车行业的领导者之一。

通过这个故事我们可以看到，连接的力量是无穷的。通过连接来提高员工满意度，是每个企业都可以实践的管理策略。

连接客户，打造忠诚度的秘诀

客户忠诚度是企业成功的关键之一。一个忠诚的客户不仅会持续购买你的产品或服务，还会主动向他人推荐你的品牌，成为你最好的宣传者。然而，如何打造客户忠诚度却是一门学问。通过建立深厚的客户连接，可以显著提升客户的忠诚度和满意度。

1. 了解客户的需求

与客户建立连接的第一步是了解他们的需求。每个客户都有不同的需求和期望，只有深入了解他们，才能提供真正符合他们需求的产品和服务。这不仅仅是对市场调研数据的分析，更是对客户心理和行为的了解。

要了解客户的需求，首先要进行有效的沟通。通过各种渠道，如面对面交流、电话访谈、在线调查等，了解客户的需求和反馈。倾听客户的声音，不仅能让你更好地了解他们的需求，还能让客户感受到被重视和被关心。

2. 提供个性化服务

在理解客户需求的基础上，提供个性化的服务是建立客户连接的重要手段。每个客户都是独特的，提供个性化的服务能够满足他们的特殊需求，增强他们对品牌的依赖感。

个性化服务不仅仅是提供定制化的产品，更是对客户的全方位关怀。例如，记住客户的生日并送上祝福，了解客户的购买习惯并推荐适合的产品，这些小细节都能让客户感受到你的用心，从而增强客户的忠诚度。

3. 建立信任关系

信任是客户连接的基石。没有信任的关系是脆弱的，经不起时间的考验。要建立信任关系，首先要做到诚实守信。无论是在产品质量、服务承诺还是售后支持方面，都要做到言出必行。

在与客户的互动中，要始终保持透明和真诚，及时解决客户的问题，公开处理客户的投诉和反馈，展示出对客户的尊重和重视。通过一贯的诚信和透明，你可以赢得客户的信任，从而巩固他们的忠诚度。

4. 提升客户体验

客户体验是决定客户忠诚度的重要因素。一个愉快的客户体验能让客户对品牌产生好感，进而成为忠实的用户。提升客户体验需要从每一个接触点入手，确保客户在每一次互动中都能感受到品牌的用心和关怀。

从客户进入你的店铺或网站那一刻起，到他们完成购买甚至售后服务，每一个环节你都要做到细致入微。无论是友好的接待、便捷的购买流程，还是专业的售后支持，都能提升客户的整体体验，让他们感受到

品牌的温度和关怀。

5. 保持持续互动

持续的互动是保持客户连接的重要方式。客户的需求和期望是不断变化的，只有保持持续的互动，才能及时了解客户的变化，并做出相应的调整。通过定期的沟通和互动，保持与客户的联系，能够增强他们的归属感。例如，定期发送电子邮件、短信或社交媒体消息，向客户介绍新品、促销活动或品牌故事，让客户时刻感受到品牌的动态。通过这些互动，不仅能增加客户对品牌的了解和兴趣，还能增强他们的参与感和忠诚度。

6. 重视客户反馈

客户反馈是宝贵的资源，是改进产品和服务的重要依据。重视客户反馈，不仅能让你更好地了解客户的需求和期望，还能让客户感受到他们的意见被重视，从而增强他们的忠诚度。

要建立一个有效的反馈机制，鼓励客户提出意见和建议。无论是通过在线调查、电话回访，还是面对面的交流，都要让客户有机会表达他们的想法。对于客户提出的问题和建议，要及时回应和处理，让客户感受到你的重视和诚意。

7. 构建品牌社区

构建一个品牌社区，是增强客户连接和忠诚度的有效方式。在品牌社区，客户不仅能与品牌进行互动，还能与其他客户交流和分享经验，形成一种归属感和认同感。

品牌社区可以是在线论坛、社交媒体群组或线下活动。通过这些平台，客户可以分享他们的使用体验，提出问题和建议，甚至参与品牌的活动和决策。通过参与品牌社区活动，客户不仅能感受到品牌的温暖和关怀，还能增强他们对品牌的忠诚度和依赖感。

8. 激励客户参与

激励客户参与，是增强客户连接和忠诚度的重要策略。通过各种激励措施，鼓励客户积极参与品牌的活动和互动，不仅能增强他们的参与感，还能增强他们的忠诚度。

例如，通过会员积分、优惠券、抽奖等激励措施，鼓励客户参与品牌的活动和互动。通过这些激励措施，不仅能增加客户的购买频率和金额，还能增强他们对品牌的忠诚度和依赖感。

◎ 案例分析

杰夫·贝索斯与亚马逊的故事

杰夫·贝索斯（Jeff Bezos），亚马逊的创始人，通过与客户建立深厚的连接，将亚马逊从一个小型在线书店发展成为全球最大的电子商务平台。他的故事不仅展示了商业的巨大潜力，更揭示了客户连接的强大力量。

贝索斯在1994年创立亚马逊时，始终秉持着一个核心理念：

以客户为中心。他坚信，只有通过与客户建立深厚的连接，才能真正了解客户的需求，提供超出预期的服务体验。这种理念贯穿于亚马逊的每一个业务环节，成为公司成功的基石。

亚马逊的成功首先体现在它对客户需求的精准把握上。贝索斯从一开始就致力于为客户提供尽可能多的选择和便利。他不断扩展产品种类，从最初的书籍到如今的几乎所有商品，无论客户需要什么，亚马逊都能满足。通过庞大的产品库和强大的物流系统，亚马逊让客户能够方便快捷地找到并购买他们需要的商品。

贝索斯不仅关注产品的多样性，还非常重视客户的购物体验。他推出了亚马逊Prime会员服务，为客户提供免费快速配送、流媒体服务等多项优惠。通过这种会员制，贝索斯不仅提高了客户的购物便利性，还增加了客户对亚马逊的忠诚度。Prime会员的不断增长，证明了这种模式的成功。

在客户服务方面，贝索斯也做出了巨大努力。亚马逊建立了完善的客户反馈机制，鼓励客户提出意见和建议。贝索斯亲自阅读客户的邮件和反馈，了解客户的需求和不满，并及时改进服务。他认为，每一位客户的反馈都是改进业务的重要参考，正是这种对客户声音的重视，使得亚马逊能够不断优化用户体验，赢得了广大客户的信赖。

贝索斯还注重通过创新来增强客户连接。亚马逊不仅是一个购物平台，还是一个技术创新的引领者。无论是推出Kindle电子书阅读器，还是开发Alexa智能助手，贝索斯都在通过技术创新，为客户提供更便捷、更智能的服务体验。这些创新不仅满足了客户的需求，还增强了他们对亚马逊的依赖性和忠诚度。

此外，贝索斯非常重视企业的社会责任。他通过亚马逊积极参与各种公益活动和环保项目，展现了企业的社会担当。通过这些努力，贝索斯不仅提升了亚马逊的品牌形象，还赢得了更多客户的尊重和支持。

通过与客户建立深厚的连接，贝索斯成功地将亚马逊打造成为一个备受信赖的全球品牌。客户们不仅因为产品的多样性和便捷的购物体验选择亚马逊，更因为那种由心而发的连接和关怀成为忠实的用户。无论是购物、娱乐还是智能家居，亚马逊都在不断创新，满足客户的多样化需求。

杰夫·贝索斯的故事告诉我们，通过建立深厚的客户连接，可以显著提高客户的满意度和忠诚度。以客户为中心、重视客户反馈、不断创新和履行社会责任，这些都是增强客户连接的重要策略。在竞争激烈的市场中，只有通过深厚的客户连接，企业才能赢得客户的信任，实现长久的成功。

通过连接客户，可以显著提高客户的满意度和忠诚度。了解客户的需求、提供个性化服务、建立信任关系、提升客户体验、保持持续互动、重视客户反馈、构建品牌社区和激励客户参与，这些都是增强客户连接和忠诚度的重要策略。在竞争激烈的市场中，只有建立深厚的客户连接，才能真正赢得客户，实现品牌的长久成功。

跨行业合作，连接企业内外资源

在当今高度竞争和快速变化的商业环境中，企业要想持续发展，单靠自身的力量已经远远不够。跨行业合作作为一种新型的战略模式，能够有效连接企业内外资源，激发创新潜力，提升竞争力，实现共赢。通过跨行业合作，企业不仅可以借助外部资源弥补自身短板，还能通过合作创新开拓新的市场和机遇。

1. 打破壁垒，共享资源

跨行业合作首先要打破行业之间的壁垒，促进资源共享。在传统的行业界限中，企业往往自我封闭，忽视了外部资源的价值。跨行业合作正是要打破这种封闭状态，将不同领域的资源、技术、知识和市场优势整合在一起，形成一种全新的合作模式。

共享资源不仅能够弥补企业自身的不足，还能通过资源整合产生新的价值。例如，一个拥有先进技术的科技公司可以与一个拥有广泛市场渠道的消费品公司合作，共同开发新产品，通过技术和市场的结合，提升产品的市场竞争力。通过共享资源，企业可以更高效地利用外部资源，实现快速发展。

2. 激发创新，开拓市场

跨行业合作是激发创新的重要途径。不同领域的企业在技术、经验和市场表现上各有所长，通过合作可以碰撞出新的火花，产生创新的想法和产品。这种创新不仅体现在产品上，还可以在商业模式、服务方式和市场开拓等方面带来全新的变化。

跨行业合作不仅是简单的资源整合，更是一种创新的融合。例如，一个传统制造企业与一个互联网公司合作，可以利用互联网技术改造传统制造流程，提高生产效率，降低成本，同时还可以通过互联网平台拓展新的市场渠道，提升市场占有率。通过跨行业合作，企业可以在创新中不断突破，开拓新的市场空间。

3. 借助优势，实现共赢

在竞争激烈的市场环境中，跨行业合作能够有效提升企业的竞争力。通过合作，企业可以借助合作伙伴的优势弥补自身短板，提升整体竞争力。同时，通过合作创新，企业可以推出差异化的产品和服务，增强市场竞争力。

跨行业合作的目标不仅是提升自身竞争力，更重要的是实现共赢。在合作过程中，企业要秉持互利共赢的原则，充分尊重合作伙伴的利益，通过合作实现共同发展。例如，一个环保技术公司与一个传统能源公司合作，可以共同开发清洁能源项目，在实现经济效益的同时，也能推动环境保护，实现经济和社会效益的双赢。

4. 构建生态系统，增强抗风险能力

跨行业合作不仅能够带来直接的经济效益，还能帮助企业构建一个稳固的生态系统。在这个生态系统中，企业与合作伙伴形成紧密的合作关系，通过互相支持和协作，共同抵御市场风险，提升抗风险能力。

通过构建生态系统，企业不仅能够稳固自身的市场地位，还能在市场环境发生变化时迅速调整策略，保持竞争力。例如，一个农业企业与一个金融机构合作，通过金融支持推动农业技术创新，提升农业生产效率，同时金融机构也可以通过农业企业拓展新的业务领域，实现双赢。通过构建生态系统，企业能够在复杂多变的市场环境中保持稳定和可持续发展。

5. 增强品牌影响力，提升企业形象

跨行业合作还能够增强企业的品牌影响力，提升企业形象。在合作过程中，企业可以借助合作伙伴的品牌影响力，扩大自身的市场知名度和影响力。同时，通过合作，企业可以展示自身的创新能力和社会责任感，提升品牌形象。

通过跨行业合作，企业可以在市场中树立起良好的品牌形象，赢得消费者的信任和支持。例如，一个食品企业与一个健康科技公司合作，通过健康科技的应用，提升食品的健康价值，吸引更多关注健康的消费者。在这种合作中，企业不仅提升了品牌价值，还增强了市场竞争力。

6. 推动可持续发展，实现长期利益

跨行业合作不仅关注眼前的经济效益，更关注企业的长期发展。在合作过程中，企业可以通过合作伙伴的资源和技术，推动自身的可持续发展，实现长期利益。

通过跨行业合作，企业可以在环境保护、社会责任等方面做出积极的贡献，实现经济效益与社会效益的平衡。例如，一个化工企业与一个环保技术公司合作，通过环保技术的应用，降低生产过程中的环境污染，实现绿色生产。在这种合作中，企业不仅提升了自身的环保形象，还实现了可持续发展，赢得了社会的认可和支持。

⚙ **案例分析**

三宅一生的跨行业合作

三宅一生是全球著名的时装设计师，以其独特的设计风格和创新精神闻名。然而，三宅一生的成功不仅在于他的设计才华，更在于他善于通过跨界合作，整合资源，创造出令人惊叹的作品。

三宅一生1938年出生于日本广岛，从小便展现出了对艺术和设计的浓厚兴趣。毕业于多摩美术大学后，他前往巴黎和纽约深造，并在那里积累了丰富的设计经验。1970年，他在东京创办了自己的设计工作室，正式开启了他的时装设计生涯。

三宅一生在职业生涯中，始终强调创新和跨界合作的重要性。一个典型的例子是，他与日本工程师、科学家合作，通过结合先进的科技和传统的手工艺，创造出独特的服装设计。

1988年，三宅一生推出了他的经典设计——"褶皱"系列。这一系列服装不仅外观独特，更具有极高的实用性。为了实现这一设计，三宅一生与日本的纺织科学家合作，开发了一种特殊的褶皱面料。这种面料不仅轻便、耐用，而且易于保养，不需要熨烫，深受全球消费者的喜爱。

这一成功的跨界合作不仅为三宅一生取得了巨大的商业成功，也为时尚界带来了新的灵感和创新。通过结合科技和设计，三宅一生展示了跨行业合作的巨大潜力和价值。

除了"褶皱"系列，三宅一生还积极与各个领域的艺术家和设计师合作，不断推出创新的作品。1998年，他与建筑师弗兰克·盖里（Frank Gehry）合作，设计了一个名为"A-POC"（A Piece of Cloth）的系列。这一系列的灵感源自建筑和几何学，通过计算机编程和现代织布技术，创造出一件件独一无二的服装。

三宅一生不仅在时装设计中展示了他的跨界合作才能，还积极参与其他领域的项目。例如，他与日本的香水公司合作，推出了广受欢迎的"Issey Miyake"香水系列。这些香水以其独特的香气和简约的包装设计，成为全球消费者的关注对象。

　　三宅一生的故事告诉我们，跨行业合作是现代企业成功的重要策略之一。通过整合不同领域的资源和优势，我们可以创造出更大的价值，推动创新和发展。关键在于，如何发现和把握这些合作的机会，并且在合作中实现共赢。

　　通过真诚的沟通和合作，我们可以跨越障碍，连接企业内外资源，建立起坚固的合作关系。正如三宅一生所说："设计不仅是美学的表达，更是科技和艺术的结合。"在这个过程中，我们不仅能让企业创造更多的价值，也能为社会的发展和进步贡献自己的力量。

第五章

破解连接难题的秘诀

连接过度，如何找到平衡点

面对冲突，在连接中学会圆融

避免倦怠，保持连接的活力

从失败中学习，重建连接

在我们的生活和工作中，建立和维持有效的连接常常充满挑战。无论是团队成员之间的沟通不畅，还是与客户的联系断断续续，这些连接难题常常让人头疼不已。然而，正如每个难题背后都有解决的钥匙一样，破解连接难题也有其独特的秘诀。

连接过度，如何找到平衡点

连接无处不在。无论是工作还是生活，我们都被各种形式的连接包围。技术的进步使得人与人之间的联系更加紧密，信息的流动更加快捷。然而，过度的连接也带来了许多问题，让我们感到疲惫和压力。找到连接的平衡点，既能享受连接带来的便利，又能避免其负面影响，成为每个人都需要面对的重要课题。

1. 识别过度连接的迹象

过度连接并不像表面上看起来那么简单，它往往表现为持续的疲劳感、注意力难以集中、情绪波动和社交焦虑。这些症状可能是由于我们过度依赖技术和社交媒体，导致信息过载和人际关系的泛滥。当我们感到疲劳时，可能是因为我们的大脑被不断涌入的信息压得喘不过气来。注意力难以集中，则是因为我们的大脑在处理过多的信息时，无法专注于一件事情。情绪波动和社交焦虑，更是因为我们在面对过多的人际关系时，无法保持心理的平衡。

在日常生活中，我们需要警惕这些迹象，及时调整自己的状态。适当地休息和放松，是应对过度连接的重要方法。当我们感到疲惫时，不妨放下手机和电脑，给自己一段安静的时间，让大脑得到休息和恢复。冥想、瑜伽、散步等活动，都是很好的放松方式，可以帮助我们缓解压力，恢复精力。

通过自我反思，了解自己在连接中的需求和界限，有助于我们找到连接的平衡点。我们需要问自己：我真的需要这么多的社交媒体账号吗？我是否真的需要随时随地保持在线？我的注意力是否因为过多的信息而变得分散？通过这些问题，我们可以更清楚地认识到自己的连接需求，调整自己的连接方式。

2. 制订合理的连接计划

找到平衡点的第二步，就是制订合理的连接计划。有意识地管理自己的时间和精力，避免为各种连接所淹没，是保持身心健康的重要方法。

首先，我们需要设定每天固定的时间段来处理电子邮件、社交媒体信息和其他通信工具中的信息。这个简单的改变可以带来显著的效果。设定特定的时间段，例如每天早晨、中午和下午各检查一次电子邮件和社交媒体信息，这样不仅可以提高工作效率，还能避免被频繁的通知打扰。通过这种方式，我们可以集中精力处理重要任务，而不必不断地分心。

其次，在工作和生活中安排一些无连接的时间，是保持身心健康的重要手段。在这些无连接的时间里，我们可以专注于自己喜欢的活动，比如阅读、写作、运动等。独处的时光不仅可以让我们放松，还能让我们重新连接自己的内心世界。远离电子设备，享受大自然的宁静，或者只是静静地冥想，都可以帮助我们恢复精力，提升创造力。

制订合理的连接计划，不仅是为了提高效率，更是为了保持生活的平衡和心灵的宁静。在安排时间时，我们需要根据自己的实际情况，合理分配工作时间和休息时间。每天留出一些时间进行深度工作，集中精力处理复杂的问题，同时也要留出足够的时间进行休息和放松。

除了设定具体的时间段处理通信工具外，我们还可以利用一些技术手段来帮助管理连接。例如，可以关闭不必要的通知，只保留最重要的提醒；可以使用一些时间管理工具来规划每天的工作和休息时间；还可以利用专注模式来阻止打扰，帮助自己更好地进入工作状态。

在制订连接计划的过程中，关键是要保持灵活性和适应性。每个人的生活和工作节奏不同，因此，我们需要根据自己的实际情况，不断调整和优化连接计划。通过不断尝试和改进，找到最适合自己的连接方式，才能真正实现工作与生活的平衡。

制订合理的连接计划，也需要我们有意识地培养一些好习惯。比如：每天早晨醒来，不立刻查看手机，而是先进行一些有益身心的活动，如伸展、冥想或慢跑；在工作中，定时休息，避免长时间坐在电脑前；在晚上，尽量减少使用电子设备的时间，让自己有足够的时间放松和入睡。

3. 学会说"不"

在生活和工作中，面对各种各样的邀请和要求，学会说"不"是找到连接平衡点的重要一步。我们常常觉得，拒绝别人是不礼貌的行为，害怕让别人失望，或者担心错过一些重要的机会。然而，过度的社交活动和繁重的工作任务会消耗大量的精力和时间，影响我们的身心健康。因此，懂得合理地说"不"，是我们在生活和工作中保持平衡的关键。

在工作中，我们常常面临各种任务和责任的堆积。如果我们没有清晰地分配自己的任务，明确自己的职责和优先级，很容易在忙碌中迷失方向。盲目地接收所有的工作请求，往往会导致效率低下，甚至可能导致工作质量下降。我们需要根据自己的实际情况，合理地分配任务，设定清晰的优先级，这样才能更有效地完成工作，避免过度劳累。

在面对工作任务时，学会说"不"是一种重要的技能。首先，我们要清楚地了解自己的职责和目标，不要轻易接手那些超出自己能力范围或者不属于自己职责范围的任务。这样不仅可以提高工作效率，还能让我们有更多的时间和精力去完成真正重要的工作。

在生活中，社交活动也是我们需要学会平衡的一个方面。我们经常会收到各种聚会、活动和社交邀请，这些活动虽然可以丰富我们的生活，但过多的社交活动会让我们感到疲惫，甚至影响我们的休息和放松时间。选择性地参加社交活动，保持自己的节奏，是保持身心健康的重要方法。

当我们在生活中面对各种社交邀请时，不妨停下来问问自己：这些活动是否真的符合我们的兴趣和需求？它们是否会让我们感到愉快和放松？如果答案是否定的，那么果断地说"不"，将这些时间留给自己去做更有意义的事情，是完全合理的。

学会说"不"，不仅能帮助我们避免过度连接，还能让我们有更多的时间和精力去关注真正重要的事情。拒绝一些不必要的社交活动，可以让我们有更多的时间陪伴家人，享受独处的时光，或者从事一些能够提升自我价值的活动。这样，我们的生活会变得更加充实和有意义。

说"不"的艺术，还在于如何在保持礼貌和尊重的前提下，表达自己的意愿和界限。我们可以采用一些婉转的方式，例如："谢谢你的邀请，但我今天需要时间休息。"或者："我很想参加这个活动，但目前有其他重要的事情需要处理。"这样，既表达了我们的诚意，又维护了自己的节奏。

在现代快节奏的生活中，学会说"不"是保护自己的一种方式。它让我们有机会停下来，反思自己的需求和优先级，避免被无尽的任务和活动淹没。通过合理分配时间和精力，我们可以更好地关注真正重要的事情，实现个人和职业的双重平衡。

4. 建立健康的连接习惯

建立健康的连接习惯，有助于我们找到平衡点。健康的连接习惯包括合理使用技术、注重面谈交流和维护真实的人际关系。

合理使用技术是指在工作和生活中，合理分配使用电子设备的时间和频率。可以通过设置屏幕时间限制、关闭不必要的通知等方式，减少对电子设备的依赖。注重面谈交流是指在与人沟通时，尽量选择面对面的交流方式，增强沟通的深度和质量。维护真实的人际关系是指在社交活动中，注重质量而非数量，建立深厚而有意义的关系。

5. 重视自我关怀

找到连接的平衡点，离不开自我关怀。自我关怀是指在日常生活中，关注和满足自己的身心需求，通过自我调节，保持良好的状态。学会自我关怀，不仅能够提升我们的生活质量，还能让我们在面对各种挑战时，保持平和与从容。

首先，保持身体的健康是自我关怀的重要组成部分。健康的身体是我们进行一切活动的基础。通过健康饮食、规律作息和适当运动，我们可以为身体提供必要的营养和能量，增强免疫力，提高工作和生活的效率。每天清晨的慢跑，午后的散步，或者晚间的瑜伽，都是让我们身体保持健康的好方法。通过这些日常的小习惯，我们可以让自己的身体充满活力，应对每天的挑战。

其次，缓解心理压力是自我关怀的另一重要方面。现代生活的快节奏和高压力，常常让我们感到焦虑和疲惫。通过冥想、瑜伽等放松方式，我们可以有效地缓解心理压力，提升情绪状态。每天抽出几分钟时间，闭上眼睛，深呼吸，放空自己，感受内心的宁静，这种简单的冥想练习，可以让我们在忙碌中找到一份平静与安宁。瑜伽不仅能强身健体，更是一种身心合一的放松方式，让我们在舒展身体的同时，释放内心的压力。

最后，丰富精神生活，提升自我认知和幸福感，也是自我关怀的重要内容。阅读、旅行等活动，不仅能开阔我们的视野，增长见识，还能带来精神上的愉悦和满足。一本好书，可以让我们沉浸在作者的智慧中，思考人生的真谛；一段旅程，可以让我们逃离日常的琐碎，体验不同的文化和风景。通过这些方式，我们可以不断充实自己，提升自我认知，感受到更加丰富和多彩的生活。

自我关怀不仅仅是对自己好，更是一种积极的生活态度。它让我们学会如何在繁忙的生活中，找到属于自己的平衡点。通过关注和满足自己的身心需求，我们可以更好地面对生活中的各种挑战，保持良好的状态和积极的心态。

在工作中，懂得自我关怀，可以让我们更加高效和专注。合理安排工作时间，保持适当的休息和放松，可以避免过度劳累，提高工作效率。在生活中，懂得自我关怀，可以让我们更加从容和幸福。通过健康的生活方式和丰富的精神生活，我们可以保持身心的健康和平衡，享受更加美好和充实的生活。

6. 建立清晰的界限

在现代社会中，信息和人际交往无处不在，我们随时随地都在处理各种连接。为了在这种环境中找到平衡，建立清晰的界限是至关重要的。界限不仅是对外界的保护，更是对自己的尊重。只有通过设立和坚持这些界限，我们才能更好地保护自己的时间和精力，找到连接的平衡点。

首先，在工作中建立界限至关重要。明确工作和休息的时间界限，能够让我们避免工作侵占生活。我们需要给自己设定固定的工作时间，并在工作结束后严格遵守休息时间。这不仅有助于提高工作效率，还能让我们有充足的时间放松和恢复精力。通过这种方式，我们可以在工作中保持高效，同时在生活中享受更多的快乐和满足。

例如，可以在每天的工作时间内全身心投入，集中精力处理任务，而在下班后，将工作事务暂时搁置，专注于家庭和个人生活。这样的界限可以帮助我们在工作和生活之间找到平衡，避免因工作压力而影响生活质量。

其次，在社交中设立界限同样重要。明确个人空间和隐私的界限，能够让我们避免因过度社交而感到疲惫。我们可以根据自己的实际情况，选择性地参加社交活动，确保自己有足够的时间休息和独处。通过这种方式，我们可以在社交中保持活力，同时保护自己的生活节奏。

在建立社交界限时，可以明确告知朋友和家人自己的时间安排和需求，让他们了解我们的界限，并尊重我们的选择。例如，可以设定每周某个时间段为"无社交时间"，专注于自己的兴趣爱好和休息。这样既能保证我们的个人空间，也能让我们在需要时随时回归到充电模式。

在建立界限时，我们需要根据自己的实际情况做出调整，并坚定地执行这些界限。每个人的工作和生活节奏不同，因此，界限的设定也应因人而异。通过自我反思和调整，我们可以找到最适合自己的界限，从而更好地保护自己的时间和精力。

建立清晰的界限，不仅是为了避免过度的连接，更是为了提升我们的生活质量和幸福感。通过设立界限，我们可以更好地管理自己的时间，避免因为过度工作或过度社交而感到疲惫。这样，我们可以在生活中找到平衡，保持身心的健康和活力。

案例分析

谢丽尔·桑德伯格的故事

谢丽尔·桑德伯格（Sheryl Sandberg），Facebook（现Meta）的首席运营官，以其卓越的管理能力和对工作与生活平衡的深刻理解而闻名。在社交媒体迅猛发展的时代，桑德伯格不仅带领Facebook不断壮大，还在个人生活中找到了连接与平衡的完美结合。她的故事，既展示了现代领导者的风采，又传递了深刻的人生智慧。

桑德伯格在2008年加入Facebook时，公司正处于快速发展阶段。她的工作压力巨大，每天都有无数的会议、邮件和各种决策等着她处理。起初，桑德伯格全身心地投入工作，试图连接每一个环节，掌控每一个细节。然而，她很快发现，这种过度连接不仅让她身心疲惫，也影响了她与团队和家人的关系。

意识到问题的严重性后，桑德伯格决定重新审视自己的生活和工作方式。她开始制订更加合理的时间管理计划，每天早起锻炼，保持身体健康，然后花时间思考和规划一天的工作。在工作时间内，她集中精力处理重要事务，避免被琐事打扰。

为了减少信息过载，桑德伯格也调整了自己的沟通方式。她规定每天只在特定的时间段处理电子邮件，而不是随时随地查看和回复。这不仅提高了工作效率，也让她在工作之外有更多的时间放松和充电。桑德伯格还学会了说"不"，对一些不必要的会议和社交活动进行筛选，只保留对工作和生活真正重要的部分。

更重要的是，桑德伯格注重与团队和家人之间的深度连接。她明白，真正的连接不是频繁的互动，而是高质量和有深度的沟通。她开始定期与团队成员进行一对一交流，倾听他们的想法和建议，建立起信任和合作的关系。对于家人，她每周安排固定的时间进行聚会和沟通，确保在忙碌的工作中，也能保持亲密的关系。

通过这些调整，桑德伯格不仅在工作中找到了高效的节奏，也在生活中找到了平衡。她的健康状况改善了，心态也更加平和了。而Facebook在她的领导下，也取得了巨大的成功，推出了一系列创新产品和服务，赢得了全球用户的喜爱。

谢丽尔·桑德伯格的故事告诉我们，在数字时代，过度的连接会让我们感到疲惫和压力，但通过合理的时间管理、优化沟通方式、注重深度连接，我们可以找到平衡点，保持适当的关系。这不仅有助于提高工作效率，还能让我们拥有更加充实和幸福的生活。

每个人都可以从桑德伯格的故事中受到启发，无论工作多么忙碌，都要学会找到连接的平衡点，珍惜每一个重要的关系。通过不断调整和优化，我们终将找到属于自己的平衡点，实现工作与生活的和谐连接。

面对冲突，在连接中学会圆融

在工作和生活中，冲突是不可避免的。无论是团队内部的意见不合，还是与客户的利益纠纷，冲突随时可能发生。如何在冲突中保持冷静，学会圆融，是每一个人都需要掌握的重要技能。圆融并不是逃避冲突，而是在冲突中找到平衡，通过有效的沟通和理解，达到和谐共处。

1. 冲突的本质

冲突的本质是意见和利益的分歧。当人们的需求、期望和观点不一致时，冲突就会产生。这种分歧既可能源于信息不对称、沟通不畅，也可能源于价值观和利益的差异。了解冲突的本质，有助于我们在面对冲突时保持理性，不被情绪左右。

2. 以冷静的态度面对冲突

在冲突发生时，第一步是保持冷静。情绪化的反应只会让情况变得更糟，冷静的头脑才能帮助我们理清思路，找到解决问题的方法。深呼吸几次，暂时离开冲突现场，给自己几分钟时间平复情绪，都是有效的冷静方法。

冷静下来后，我们需要客观地分析冲突的原因。是什么导致了冲突？双方的立场和需求是什么？通过冷静的分析，我们可以更清楚地了解冲突的根源，为解决冲突奠定基础。

3. 倾听与理解

在冲突中，倾听与理解是非常重要的。倾听不仅是听到对方的声音，更是理解对方的观点和感受。只有真正理解对方的需求和立场，才能找到解决冲突的有效方法。

倾听的过程中，要给予对方充分的表达时间，避免打断对方；用心去理解对方的观点，而不是急于反驳；同时，通过适时的反馈，如点头、回应等，让对方感受到你的关注和尊重。通过倾听与理解，双方可以在冲突中找到共同点，减少误解，建立信任。

4. 表达自己的立场

在倾听和理解对方的同时，我们也需要清晰地表达自己的立场。表达时，要注意语气和方式，避免使用指责和攻击性的语言。可以通过"我"来陈述自己的感受和需求，例如"我觉得……""我希望……"，而不是"你总是……""你应该……"。

通过清晰而平和的表达，让对方了解我们的观点和感受，增加对方的理解和共情。同时，也可以通过这种方式，引导对方做出积极的回应，促进双方的沟通和协作。

5. 寻求共识与妥协

在冲突中，找到共识和妥协是解决问题的关键。共识是指双方在某些问题上达成一致，妥协是指双方在某些问题上做出让步。通过共识与妥协，可以在不损害双方利益的前提下，找到一个双方都能接受的解决方案。

在寻求共识和妥协时，要秉持开放的心态，愿意接受不同的意见和建议。可以通过头脑风暴、讨论和谈判等方式，寻找多种可能的解决方案。通过共同探讨和协商，最终找到一个双方都满意的结果。

6. 关注长远关系

在解决冲突时，我们不仅要关注眼前的问题，还要关注长远的关系。短期的胜利可能会带来长远的伤害，只有在冲突中学会圆融，才能建立和维持长久的关系。

关注长远关系，需要我们在解决冲突时，注重尊重和信任。避免使用伤害性语言和行为，尊重对方的立场和需求，通过合作而非对抗，建立互信和合作的关系。通过这种方式，我们不仅能有效解决冲突，还能在冲突中建立更深的连接，增强双方的合作和友谊。

7. 学会自我反思

在冲突解决后，自我反思是非常重要的。通过反思，我们可以了解自己在冲突中的表现，总结经验和教训，不断提升自己的冲突处理能力。

反思时，可以问自己几个问题：在冲突中，我是否保持了冷静？是否倾听和理解了对方？是否清晰地表达了自己的立场？是否找到了共识和妥协？通过这些问题，我们可以更清楚地了解自己的不足和需要改进之处，不断提升自己的圆融能力。

8. 培养圆融的心态

圆融是一种心态，是一种在冲突中保持平和的能力。培养圆融的心态，需要我们在日常生活中，不断练习和提升自己的情商和沟通能力。

首先，要学会控制自己的情绪，保持平和的心态。可以通过冥想、瑜伽等方式，提升自己的情绪管理能力。其次，要提升自己的沟通技巧，学会倾听、理解和表达，通过有效的沟通，建立和维持良好的人际关系。最后，要培养开放和包容的心态，愿意接受和理解不同的意见和观点，通过多样化的视角，提升自己的圆融能力。

◎ 案例分析

稻盛和夫的故事

稻盛和夫，日本著名企业家、京瓷公司创始人，以其卓越的经营哲学和领导才能著称。在他的职业生涯中，稻盛和夫不仅成功创办了多家世界级企业，还通过在冲突中学会圆融，带领公司渡过了无数难关。

有一次，京瓷公司与一家重要的供应商因合同条款产生了严重分歧。供应商希望提高价格，而京瓷公司则希望维持现有价格以控制成本。双方僵持不下，局面一度非常紧张。作为公司的领导者，稻盛和夫深知，这种对立如果处理不好，可能会对公司运营和双方关系造成重大影响。

面对这种情况，稻盛和夫首先冷静下来，认真分析双方的立场和需求。他意识到，供应商提出涨价的原因是因为生产成本上升，他们也面临着不小的压力。理解这一点后，稻盛和夫决定采取一种既能解决问题又能保持良好关系的方法。

稻盛和夫邀请供应商的高层来京瓷公司进行面对面的交流。他亲自主持会议，首先表达了对供应商长期合作的感谢和尊重。接着，他详细解释了京瓷公司面临的市场压力和成本控制的必要性。同时，他也认真听取了供应商的困难和诉求。

在了解双方的真实情况后，稻盛和夫提出了一个折中方案。他建议京瓷公司和供应商共同寻找降低生产成本的方法，通过技术创新和工艺改进来提高效率，从而减少成本压力。这一方案既考虑了供应商的利益，也顾及了京瓷公司的需求。

通过这种圆融的处理方式，双方达成了共识。供应商同意暂时维持原价，并与京瓷公司共同开展技术改进项目。这个过程不仅解决了眼前的冲突，还增强了双方的合作关系，建立了更深层次的信任和互利共赢的基础。

　　稻盛和夫的故事告诉我们，在面对冲突时，冷静分析、理解对方、寻找共识，是解决问题的关键。通过真诚的沟通和互相理解，我们不仅能找到圆融之道，还能在冲突中建立更深的连接和合作关系。

　　稻盛和夫不仅在商业上取得了巨大成功，还以其"敬天爱人"的经营哲学影响了无数企业和个人。他的圆融智慧，让我们看到，连接不仅仅是为了合作，更是为了共同成长和发展。在面对冲突时，保持冷静和理性，以圆融的态度处理问题，我们才能在复杂多变的世界中立于不败之地。愿我们每一个人都能从稻盛和夫的故事中受到启发，在生活和工作中，学会圆融，建立更深的连接，创造更加美好的未来。

避免倦怠，保持连接的活力

　　在现代社会，人际关系无疑是我们生活和工作的基石。然而，随着社交媒体的兴起和工作压力的增加，我们常常感到为人际关系的复杂性和压力所困扰。人际关系倦怠是一个常见的问题，它不仅影响我们的情绪和心理健康，还可能破坏我们的社交圈和职业生涯。

1. 认识人际关系倦怠的迹象

避免人际关系倦怠的第一步是认识到其存在。常见的迹象包括对社交活动失去兴趣、与朋友和家人交流时感到疲惫、逃避社交场合、对他人的需求感到厌烦，以及情绪波动等。我们一旦意识到这些迹象，就应该及时反思和调整自己的状态，避免陷入更深的倦怠中。

2. 设定界限，保护自己的空间

设定界限是避免人际关系倦怠的重要方法。我们需要学会保护自己的时间和空间。在面对社交邀请或他人请求时，可以根据自己的实际情况进行选择，而不是一味地迎合他人的期望。设定界限不仅能保护我们的心理健康，还能让我们在有限的时间内更专注地投入有意义的关系。

3. 平衡社交与独处

过度的社交活动会让我们感到疲惫，而过多的独处则可能导致孤独。找到社交与独处的平衡点，是保持人际关系活力的关键。每天留出一定的时间与朋友和家人交流，同时也要给自己留出独处的时间，用来放松和反思。通过这种方式，我们可以保持心理的平衡和情感的稳定。

4. 关注正面的关系

在我们的社交圈中，有些关系是令人愉快和充满正能量的，而有些关系则可能是消耗我们精力和情感的。关注和培养那些让我们感到快乐和充实的正面关系，远离那些消极和有害的关系，是避免人际关系倦怠的有效方法。通过与正面的人交往，我们可以获得更多的支持和鼓励，增强心理的韧性。

5. 培养同理心，理解他人

同理心是建立和维持健康人际关系的重要素质。通过同理心，我们可以更好地理解和感受他人的情感和需求，增强人际关系的深度和亲密感。培养同理心需要我们在日常生活中不断练习和提升自己的情感敏感度。关注和理解他人的情感和需求，通过言行表达对他人的关心和支持，能够增强彼此的信任和连接。

6. 学会情绪管理

情绪管理是避免人际关系倦怠的重要技能。在与他人交往时，我们不可避免地会遇到各种情绪上的波动和挑战。学会管理自己的情绪，避免情绪失控，是保持人际关系健康和稳定的关键。通过深呼吸、冥想、运动等方式，我们可以缓解情绪压力，保持心理的平衡。

7. 定期反思和调整

保持人际关系的活力需要我们定期反思和调整自己的状态。在忙碌的生活中，我们常常会忽视自己的人际关系和情感需求。通过定期反思，我们可以了解自己在人际关系中的表现和需求，及时做出调整，避

免倦怠的发生。

8. 投入有意义的活动

参与有意义的活动可以增强我们的心理健康和人际关系的质量。无论是志愿服务、兴趣爱好还是团队项目，这些活动不仅能让我们感到满足和充实，还能为我们提供与他人建立深厚关系的机会。通过共同的目标和兴趣，我们可以与他人建立起更加紧密的联系，增强人际关系的活力。

9. 重视家庭和朋友

家庭和朋友是我们生活中最重要的支持系统。重视和珍惜这些关系，是保持人际关系活力的关键。通过与家人和朋友共度时光，分享彼此的生活和情感，我们可以获得更多的支持和理解，增强情感的连接。

⚙ 案例分析

柳井正的故事

柳井正，日本知名企业家、优衣库（Uniqlo）创始人，以其独特的经营理念和领导风格，将优衣库打造成了全球最受欢迎的服装品牌之一。然而，在他的职业生涯中，他也经历过人际关系倦怠的挑战。柳井正如何通过改变自己的方式，重新找到与他人的深厚连接，保持人际关系的活力？他的故事为我们提供了宝贵的启示。

在优衣库快速扩展的时期，柳井正每天被无数的会议、决策和社交活动包围。他的时间被各种工作事务填满，长时间高强度的工作让他感到疲惫不堪，与此同时，他发现自己对人际交往逐渐失去了热情，开始对周围的人际关系感到倦怠。

意识到这一点后，柳井正决定重新审视自己的生活和工作方式。他明白，保持高质量的人际关系，不仅有助于个人的心理健康，更是企业长期成功的关键。于是，他采取了一系列措施来重建与他人的连接。

首先，柳井正学会了更加专注于每一次与员工和同事的对话。他不再只是机械地听取汇报，而是认真倾听每个人的意见和感受，理解他们的需求和困惑。他经常走访公司各个部门，与员工们面对面交流，了解他们的工作和生活情况。这种真诚的沟通方式，不仅增强了员工对公司的归属感，也让柳井正重新找到了与人交往的乐趣。

其次，柳井正开始注重人际关系的质量。他减少了不必要的应酬和社交活动，更多地投入与家人、朋友以及真正关心和支持他的人在一起的时光中。这些真实而深厚的关系，不仅让他感到温暖和支持，也为他提供了情感上的充电和慰藉。

为了避免人际关系的倦怠，柳井正还学会了给自己留出独处的时间。在这些独处的时刻，他会反思自己的生活和人际关系，整理自己的思绪和情感。这些时间不仅帮助他缓解了压力，也让他更加清楚自己真正重视的是什么。

柳井正还通过各种社会公益活动，与更多的人建立了有意义的连接。他通过优衣库的社会责任项目，帮助了许多需要帮助的人，这种给予和关爱让他感到满足和快乐，也让他的人际关系变得更加丰富和有意义。

通过这些努力，柳井正成功地避免了人际关系的倦怠，保持了与他人的深厚连接。他不仅在事业上取得了辉煌的成就，也在人际关系中找到了真正的快乐和满足。

柳井正的故事告诉我们，无论生活多么忙碌，保持与他人的深厚连接，避免人际关系的倦怠，是我们每个人都需要学习的艺术。通过专注、真诚、独处和给予，我们可以在繁忙的生活中找到情感的平衡，保持人际关系的活力，迎接每一个新的挑战和机遇。

从失败中学习，重建连接

在我们的生活和工作中，人际关系扮演着至关重要的角色。然而，并不是所有人际关系的发展都一帆风顺。事实上，失败的人际关系是不可避免的，但它们也是我们学习和成长的宝贵机会。通过从失败中学习，我们可以重新审视自己的行为和态度，找到重建连接的路径。

1. 接受失败，正视问题

首先，我们需要接受失败的事实。人际关系的破裂往往伴随着情感上的波动和困惑。我们可能会感到失望、愤怒或沮丧。然而，接受失败是走向重建的第一步。只有正视问题，我们才能从中学习和成长。

在接受失败的过程中，我们需要放下自责和指责。人际关系的失败往往是多种因素共同作用的结果，并不是单方面的责任。通过正视问题，我们可以更客观地审视自己的行为和态度，找到改进的方向。

2. 反思与自我审视

反思是学习和成长的重要途径。在人际关系失败后，我们需要进行深刻的反思和自我审视。通过反思，我们可以发现自己在关系中的不足和错误，为未来的改进提供借鉴。

在反思的过程中，我们可以问自己几个关键问题：我在这段关系中做了什么？我的行为和态度对关系产生了什么影响？我是否忽视了对方的感受和需求？通过这些问题，我们可以更清楚地了解自己的行为和态度，找到问题的根源。

3. 学习沟通技巧

沟通是建立和维持人际关系的关键。失败的人际关系往往是沟通不畅导致的。通过学习和提升沟通技巧，我们可以更好地表达自己的感受和需求，理解对方的观点和情感，从而建立更加健康和稳定的关系。

首先，我们需要学会倾听。倾听不仅是听到对方的话，更是理解对方的感受和需求。通过积极倾听，我们可以增强对方的信任和认同，促进关系的发展。其次，我们需要学会清晰表达自己的感受和需求。在沟通中，避免使用指责和攻击性的语言，通过"我"来陈述自己的感受和需求，能够更有效地传达信息，减少误解和冲突。

4. 培养同理心

同理心是建立和维持人际关系的重要素质。通过同理心，我们可以更好地理解和感受对方的情感和需求，增强关系的深度和亲密感。失败的人际关系往往是缺乏同理心导致的，通过培养同理心，我们可以改善和重建连接。

培养同理心需要我们在日常生活中不断练习和提升自己的情感敏感度。首先，我们需要关注和理解对方的情感和需求，通过观察和倾听，感受对方的情感变化。其次，我们需要通过言行表达对对方的关心和支持，增强对方的信任和认同。通过培养同理心，我们可以建立更加深厚和亲密的人际关系。

5. 建立信任与尊重

信任和尊重是人际关系的基石。失败的人际关系往往是信任和尊重的缺失导致的。通过建立和维护信任与尊重，我们可以重建连接，创造更加健康和稳定的关系。

建立信任需要我们在言行上保持一致，做到言而有信。通过诚实和透明的沟通，增强对方的信任和认同。尊重对方的感受和需求，尊重对方的意见和选择，能够增强关系的稳定性和持久性。通过建立信任与尊重，我们可以重建和维护健康的人际关系。

6. 学会宽容与原谅

宽容与原谅是重建人际关系的重要途径。失败的人际关系往往伴随着误解和冲突，通过宽容与原谅，我们可以放下过去的伤害，重新建立连接。

学会宽容与原谅需要我们在情感上放下过去的伤害和痛苦，通过理解和包容，重新审视和接纳对方。宽容与原谅不仅能够化解误解和冲突，还能够增强关系的亲密感和稳定性。通过宽容与原谅，我们可以重建和维持健康的人际关系。

7. 持续改进与成长

重建人际关系是一个持续改进和成长的过程。通过不断学习和反思，我们可以不断提升自己的情商和人际交往能力，建立更加健康和稳定的关系。

在日常生活中，我们可以通过阅读、学习和实践，不断提升自己的沟通技巧和情感管理能力。通过参与社交活动和人际交往，丰富自己的社会经验，增强人际交往能力。通过持续改进与成长，我们可以建立和维持健康的人际关系，实现个人和社会的和谐发展。

案例分析

宫崎骏的故事

宫崎骏，这位世界知名的动画大师，以其独特的创意和感人的故事赢得了无数观众的心。然而，他的职业生涯并非一帆风顺，尤其在人际关系方面，他也曾经历过重大的挫折和失败。而宫崎骏从这些失败中学习，并重建与他人的连接，为我们展示了一位艺术家的坚韧和智慧。

在吉卜力工作室成立初期，宫崎骏与他的合作伙伴高畑勋的关系一度非常紧张。尽管两人都是动画界的天才，但在创作理念和工作方式上存在很多分歧。这些分歧导致了他们之间多次激烈的争执，甚至一度威胁到工作室的生存。宫崎骏感到自己与高畑勋之间的连接逐渐破裂，这让他十分痛苦。

面对这种局面，宫崎骏并没有逃避或放弃。他意识到，要想重建连接，必须从自身开始做出改变。首先，他开始反思自己的态度和行为。宫崎骏承认，在合作中他过于坚持自己的观点，忽视了高畑勋的感受和意见。他学会了更加谦虚地倾听，尊重对方的创意和想法。

其次，宫崎骏尝试重新建立与高畑勋的沟通渠道。他们开始定期进行深度交流，不再只是讨论工作上的事情，而是分享彼此的生活和情感。这种深度沟通让他们重新找到了共同的兴趣和目标，也使得他们的合作更加顺畅。

为了进一步改善关系，宫崎骏还在工作室内推广了一种更加开放和包容的工作文化。他鼓励团队成员之间的自由交流和互相学习，营造了一个和谐的工作环境。在这种氛围中，大家不仅仅是同事，更像是家人，彼此支持和信任。

通过这些努力，宫崎骏和高畑勋的关系逐渐得到了修复。他们共同创作了多部经典动画作品，如《天空之城》和《龙猫》，这些作品不仅展示了他们的才华，也见证了他们之间深厚的友谊和合作精神。

宫崎骏的故事告诉我们，即使在人际关系中遇到失败，也不必气馁。通过反思自身、谦虚倾听、深度沟通和营造包容的氛围，我们可以重新建立与他人的连接，实现更好的合作和理解。宫崎骏不仅在艺术上取得了巨大的成功，也在重建人际关系的过程中，展现了他作为一位伟大艺术家的智慧和胸怀。

从失败的人际关系中学习，重建连接，是每个人都需要掌握的重要技能。通过接受失败、反思与自我审视、学习沟通技巧、培养同理心、建立信任与尊重、学会宽容与原谅、持续改进与成长，我们可以在面对失败时，找到重建连接的路径，创造更加美好的人际关系。